计算机基础与应用

任红梅 张瑛 著

延吉·延边大学出版社

图书在版编目（CIP）数据

计算机基础与应用 / 任红梅，张瑛著. -- 延吉：延边大学出版社，2024. 10. -- ISBN 978-7-230-07429-2

Ⅰ．TP3

中国国家版本馆 CIP 数据核字第 2024C7U295 号

计算机基础与应用
JISUANJI JICHU YU YINGYONG

著　　者：任红梅　张　瑛
责任编辑：李　磊
封面设计：文合文化
出版发行：延边大学出版社
社　　址：吉林省延吉市公园路 977 号　　邮　　编：133002
网　　址：http://www.ydcbs.com　　E-mail：ydcbs@ydcbs.com
电　　话：0433-2732435　　传　　真：0433-2732434
印　　刷：廊坊市广阳区九洲印刷厂
开　　本：710mm×1000mm　1/16
印　　张：15.75
字　　数：220 千字
版　　次：2024 年 10 月 第 1 版
印　　次：2024 年 10 月 第 1 次印刷
书　　号：ISBN 978-7-230-07429-2

定价：78.00 元

目　　录

第 1 章　计算机基础知识 ·· 1

　1.1　计算机概述 ·· 2

　1.2　计算机的特点、应用及分类 ··· 9

　1.3　计算机系统组成和工作原理 ··· 14

第 2 章　Windows 10 操作系统 ··· 32

　2.1　操作系统 ·· 32

　2.2　Windows 10 的基本元素和基本操作 ··· 40

　2.3　Windows 10 对文件的管理 ·· 50

　2.4　Windows 10 对应用程序的管理 ·· 64

　2.5　Windows 10 对磁盘的管理 ·· 74

　2.6　Windows 10 系统设置 ·· 77

　2.7　Windows 10 的多媒体功能 ·· 84

第 3 章　Word 2016 文字处理 ··· 88

　3.1　Word 2016 概述 ·· 88

　3.2　Word 2016 文档的基本操作 ·· 98

　3.3　Word 文档的基本排版 ··· 106

1

3.4 Word 2016 表格处理 …… 127

3.5 Word 2016 图文混排 …… 137

第 4 章　Excel 2016 电子表格处理 …… 141

4.1 Excel 2016 概述 …… 141

4.2 Excel 2016 的基本操作 …… 147

4.3 公式和函数 …… 172

4.4 Excel 2016 的图表 …… 184

4.5 Excel 2016 的数据处理 …… 188

第 5 章　PowerPoint 2016 演示文稿 …… 197

5.1 PowerPoint 2016 概述 …… 197

5.2 PowerPoint 2016 演示文稿的制作 …… 203

5.3 PowerPoint 2016 演示文稿的设计 …… 212

5.4 PowerPoint 2016 演示文稿的动画设计 …… 219

5.5 PowerPoint 2016 演示文稿的超链接设置 …… 222

5.6 PowerPoint 2016 演示文稿的放映和输出 …… 226

第 6 章　计算机网络与信息安全 …… 232

6.1 计算机网络 …… 232

6.2 信息安全 …… 243

第 1 章　计算机基础知识

　　计算机是 20 世纪人类最伟大的科技成果之一，计算机技术也是 20 世纪发展最快的新兴技术。计算机技术的飞速发展，极大地改变了人们的生活、工作和学习方式。如今，计算机已经渗透到社会生活的各个领域，成为人类信息社会中必不可少的工具。计算机技术更是成为人类信息社会重要的技术基础，有力地推动了整个信息社会的发展。在信息社会，掌握计算机的基础知识及操作技能是工作、学习、生活必须具有的基本素质。只有全面认知计算机，充分了解计算机的各项功能，才能使其成为人们的助手，更好地协助人们工作、学习和生活。

　　本章将介绍计算机的起源、发展以及未来的发展趋势，计算机的特点、应用及分类，计算机中的信息表示，计算机系统的组成和工作原理等内容。

　　【学习目标】
- 了解计算机的发展历程、发展趋势。
- 熟悉计算机的特点、应用及分类。
- 掌握计算机系统的组成、工作原理。

1.1 计算机概述

1.1.1 计算机的起源与发展

计算机是一种能够在其内部指令控制下运行的，并能够自动高速和准确地处理信息的现代电子设备。计算机是 20 世纪人类最伟大的发明创造之一。在计算机产生之前，计算问题主要通过算盘、计算尺、手摇或电动机械计算器、微分仪等计算工具人工计算解决。计算工具经历了由简单到复杂、从低级到高级的演化过程，它们在不同的历史时期发挥了各自的作用，同时也启发了电子计算机的研制和设计思路。

世界上公认的第一台电子数字计算机是 1946 年在美国宾夕法尼亚州立大学莫尔电工学院诞生的"埃尼阿克（ENIAC）"（Electronic Numerical Integrator And Calculator，电子数字积分计算机），该计算机主要用于计算远程导弹的弹道参数。它的体积庞大，由 17 468 根电子管、60 000 个电阻器、10 000 个电容器和 6 000 个开关组成，占地面积约 170 m^2，重量约 30 t，耗电量约为 150 kW，运算速度为 5 000 次/秒。"埃尼阿克"是人类最伟大的科学技术成就之一，是电子技术和计算技术空前发展的产物，也是科学技术与生产力发展的结晶。它的诞生极大地推动了科学技术的发展。

自第一台计算机诞生至今，半个多世纪以来，计算机的发展突飞猛进。从逻辑元件的角度来看，计算机已经历了以下四个阶段：电子管计算机（1946—1958 年）、晶体管计算机（1959—1964 年）、集成电路计算机（1965—1970 年）、大规模与超大规模计算机（1971 年至今）。

> **扩展阅读：算筹和算盘**
>
> 算筹是用竹、木、骨、玉、牙等制作而成的一种外形整齐划一的小圆棍，后来改成扁形，以免滚动。负数出现后，有的算筹做成红、黑两种颜色，红筹代表正数，黑筹代表负数。在秦汉时期，算筹的长度为13～14 cm，宽度大约为0.23 cm。到隋唐时期，长减少为8.85 cm，宽增加为0.59 cm。这样更便于携带和使用。
>
> 我国古代算码计数法有纵、横两种，这与当时利用算筹运算是直接相关的。用算筹运算叫"筹算"，我们现在计划做一件事也叫"筹划"，这正是古代筹算语言的遗存。用算筹进行筹算的方法，和用算盘进行演算的珠算法极为相似。
>
> 算盘可视为算筹的改进和发展。一般认为，算盘的雏形在东汉时已经出现，大约在唐代定型，到宋代已经普遍使用。北宋画家张择端的名画《清明上河图》是一幅描绘当时京城汴梁繁华景象的大型风俗画，画的左端，有一家称作"赵太丞家"的药铺，药铺正面柜台上就放着一架算盘。经放大辨认，这是一架和现在使用的算盘类似的串档算盘。我国现存最大的算盘，是天津达仁堂药店的一架制作于清代的大算盘。它长306 cm，宽26 cm，共117档，在算盘家族中独占鳌头。
>
> 从宋代开始直到今日，算盘一直是我国主要的计算工具。虽然现在已进入计算机时代，但算盘并未从计算器家族中退出。在美国、日本等计算机王国，中国的算盘反倒有方兴未艾之势。不少西方学者认为，算盘完全可以和印刷术、造纸术、火药和指南针相提并论，为中国的"第五大发明"。

我国的计算机事业始于20世纪50年代中期。我国从1956年开始研制第一代计算机。1958年，我国成功研发第一台小型电子管通用计算机（103型计算机），共产生38台，标志着我国步入计算机发展时代。1960年4月，我国研制成功第一台小型通用电子计算机（107型计算机）。1964年，我国研制成功第一台自行设计的大型通用数字电子管计算机（119型计算机），其平均浮点运算速度为每秒5万次，用于完成我国第一颗氢弹研制的计算任务。1965年，我国研制成功第一台大型晶体管计算机（109乙机），在对109乙机加以改进的基础上，两年后又推出了109丙机。109丙机在我国的"两弹"试验中发挥了重要作用。1970年初期，我国陆续推出采用集成电路的大、中、小型计算机，标志着我国进入第三代计算机时代。1973年，北京大学与北京有线电厂等单位合作研制成功运算速度为每秒100万次的大型通用计算机。进入20世纪80年代，我国高速计算机，特别是向量计算机有了新的发展。1983年，中国科学院计算所完成我国第一台大型向量机——757机，其计算速度达到每秒1 000万次。同年，国防科技大学研制成功银河-Ⅰ亿次巨型计算机，这是我国高速计算机研制的一个重要里程碑。1992年，我国研制成功银河-Ⅱ通用并行巨型机，其峰值速度达每秒4亿次浮点运算（相当于每秒10亿次基本运算）。1995年，我国推出第一台具有大规模并行处理机（MPP）结构的并行机"曙光-1000"（含36个处理机），其峰值速度为每秒25亿次浮点运算。1997年，银河-Ⅲ百亿次并行巨型计算机系统研制成功。1997—1999年，我国先后推出具有机群结构的曙光-1000A、曙光2000-Ⅰ、曙光2000-Ⅱ超级服务器，并于2000年推出每秒浮点运算速度为3 000亿次的曙光3000超级服务器。而后于2004年上半年推出每秒浮点运算速度为1万亿次的曙光4000超级服务器。2002年，我国成功制造出首枚高性能通用CPU——龙芯1号。2009年，我国首台千万亿次超级计算机"天河一号"诞生，使我国成为继美国之后世界上第二个能够研制千万亿次超级计算机的国家。

从2013年到2017年，我国的"天河二号"（峰值每秒运算5.49亿亿次，如图1-1所示）及"神威·太湖之光"（峰值每秒运算12.54亿亿次，如图1-2所示）超级计算机连续5年蝉联世界超算冠军，并曾包揽冠亚军。但在2018年，美国Summit（顶点）超级计算机以峰值每秒运算14.86亿亿次夺得超算冠军。2020年，日本Fugaku（富岳）超级计算机以峰值每秒运算44.2亿亿次再次打破超算世界纪录。

图 1-1　天河二号　　　　　　　　图 1-2　神威·太湖之光

> **扩展阅读：中国的超级计算机**
>
> 天河系列（Tianhe Series）：天河系列是中国超级计算机的代表，包括天河一号、天河二号和天河三号。天河一号于 2010 年首次登顶全球超级计算机排行榜，性能卓越。天河系列在气象预测、地震模拟、高能物理和生物医学等领域有广泛应用。
>
> 神威·太湖之光（Sunway TaihuLight）：神威·太湖之光是中国国家并行计算机工程技术研究中心研制的一款超级计算机，以其超强的计算能力和性能而著称。它在气象学、核能研究、材料科学和人工智能等领域发挥着重要作用。
>
> 中国的超级计算机代表着在超级计算领域的显著成就，它们在多个领域的应用为中国的科学研究、工程模拟和技术创新提供了强大支持。中国的超级计算机已经在国际上脱颖而出，与世界最先进水平媲美，为解决全球性挑战和推动科学进步作出了卓越贡献。

直到今天，人们使用的绝大部分计算机采用的都是美国数学家冯·诺伊曼（John von Neumann）提出的存储程序计算机体系结构，因此这些计算机又称为冯·诺伊曼型计算机。自 20 世纪 80 年代以来，美国、日本等发达国家开始研制新一代计算机，即微电子技术、光学技术、超导技术、电子仿生技术等多种技术相结合的产物，研制这种计算机的目的是希望打破以往固有的计算机体系结构，使计算机能进行知识处理、自动编程、测试和排错，能用自然语言、图形、声音和各种文字进行输入和输出，能具有类似人的思维、推理和判断能力。目前已经研制出的新一代计算机有：利用光作为载体进行信息处理的光计算机；利用蛋白质、脱氧核糖核酸（DNA）等生物特性设计的生物计算机；模仿人类大脑功能的神经元计算机；具有学习、思考、判断和对话能力，可以辨别外界物体形状和特征，建立在模糊数学基础上的模糊电子计算机等。

1.1.2 计算机未来的发展趋势

随着大规模、超大规模集成电路的广泛应用，计算机在存储的容量、运算速度和可靠性等各方面都得到了很大的提高。计算机正朝着微型化、网络化、人工智能化等方向更深入发展。

在未来社会中，计算机、网络、通信技术将会三位一体化，未来计算机将把人从重复、枯燥的信息处理中解脱出来，从而改变人类的工作、生活和学习方式，给人类和社会拓展更大的生存和发展空间。传统的基于集成电路的计算机短期内还不会退出历史舞台，但未来计算机的发展已经崭露头角，我们将会面对各种各样的未来计算机，如量子计算机、光计算机、生物计算机、纳米计算机等。

1.量子计算机

量子计算机是指利用处于多现实态下的原子进行运算的计算机，这种多现实态是量子力学的标志。量子计算机以处于量子状态的原子作为中央处理器和内存，利用原子的量子特性进行信息处理。一台具有 5 000 个左右量子位的量子计算机可以在 30 s 内解决传统超级计算机需要 100 亿年才能解决的素数问题。事实上，它们的计算速度的提高是没有止境的。

目前，正在开发中的量子计算机有核磁共振（NMR）量子计算机、硅基半导体量子计算机、离子阱量子计算机 3 种类型。科学家们预测，在 2030 年量子计算机将普及。

2.光子计算机

光子计算机利用光作为信息的传输媒体，是一种利用光信号进行数字运算、逻辑操作、信息存储和处理的新型计算机。1990 年初，美国贝尔实验室制成世界上第一台光子计算机。目前，许多国家投入巨资进行光子计算机的研究。随着现代光学与计算机技术、微电子技术的结合，在不久的将来，光子计算机将成为人类普遍使用的工具。

3.生物计算机

生物计算机主要是由生物电子元件构成的计算机。生物计算机的主要原材料是生物工程技术产生的蛋白质分子，并以此作为生物芯片，利用有机化合物存储数据。

用蛋白质制造的计算机芯片，它的一个存储点虽然只有一个分子大小，但存储容量大，可以达到普通计算机的 10 亿倍；它构成的集成电路小，其大小只相当于硅片集成电路的十万分之一；它的运转速度快，比当今最新一代计算机快 10 万倍；它的能量消耗低，仅相当于普通计算机的十亿分之一；它具有生物体的一些特点，具有自我组织、自我修复功能；还可以与人体及人脑结合起来，听从人脑指挥，从人体中"吸收营养"。

生物计算机将具有比电子计算机和光子计算机更优异的性能。现在世界上许多科学家正在研制生物计算机，不少科学家认为，有朝一日生物计算机出现在科技舞台上，就有可能彻底实现现有计算机无法实现的人类右脑的模糊处理功能和整个大脑的神经网络处理功能。

4.纳米计算机

纳米是一个计量单位，其单位符号为 nm，$1\ nm=10^{-9}\ m$，大约是氢原子直径的 10 倍。应用纳米技术研制的计算机内存芯片，其体积不过数百个原子大小，相当于人头发丝直径的千分之一，内存容量大大提升，性能大大增强，几乎不需要耗费任何能源。

计算机未来的发展必然要经历很多新的突破。从目前的发展趋势来看，未来的计算机将是微电子技术、光学技术、超导技术和电子仿生技术相互结合的产物。第一台超高速全光数字计算机已由英国、法国、德国、意大利和比利时等国的 70 多名科学家和工程师合作研制成功，运算速度比电子计算机快 1 000 倍。在不久的将来，超导计算机、神经网络计算机等全新的计算机也会诞生。

> **扩展阅读：量子计算机——释放无限可能**
>
> 量子计算机是基于量子力学的原理实现的，它利用量子比特来表示信息，并使用量子纠缠等技术实现复杂的量子算法。量子比特可以同时处于多种状态，这让它能够比传统计算机存储和处理更多的信息。而量子纠缠则是一种特殊的量子态，它使得多个量子比特之间的状态相互影响，从而实现复杂的量子算法。
>
> 稳定性是量子计算机当前面临的最大挑战。量子计算机的运行依赖量子比特，但量子比特的稳定性是非常差的，它们很容易受到外界环境的影响而发生变化，这就导致量子计算机的运行结果不可预测。因此，要想让量子计算机发挥出最大的作用，就必须解决量子稳定性差的问题。
>
> 目前量子计算机的主要用途是解决各种复杂系统的问题，如模拟物理系统、搜索大型数据库、解决密码学问题等。它还可以用于机器学习、人工智能、量子力学等领域。
>
> 量子计算机的发展前景非常广阔。随着量子计算机技术的不断发展，它将能够解决传统计算机无法解决的复杂问题，如量子力学模拟、金融风险分析、机器学习等。量子计算机的发展必将改变我们的生活方式，改善我们的工作效率，提高我们的生活质量。

1.2 计算机的特点、应用及分类

1.2.1 计算机的特点

计算机凭借传统信息处理工具所不具备的特征，深入社会生活的各个方面，而且它的应用领域正在变得越来越广泛。计算机主要具备以下几个方面的特点：

1. 运算速度快

运算速度是计算机性能的重要指标之一。计算机的运算速度指的是单位时间内所能执行指令的条数，一般以每秒能执行多少个百万条指令来描述。现代的计算机运算速度已达到每秒亿亿次，使得许多过去无法处理的问题都能得以解决。

例如，2016年全球超级计算机500强榜单中，中国神威·太湖之光的峰值运算速度为12.5亿亿次/秒，持续性能为9.3亿亿次/秒，双双位列全球第一。

2. 计算精度高

计算机采用二进制数字运算，其计算精度随着表示数字的设备增加而提高，再加上先进的算法，一般可达几十位甚至几百位有效数字的计算精度。

3. 存储容量大

计算机具有完善的存储系统，可以存储大量的信息。计算机不仅提供了大容量的主存储器存储计算机工作时的大量信息，还提供了各种外存储器来保存信息，如移动硬盘、优盘和光盘等，实际上存储容量已达到海量。

4. 具有逻辑判断能力

计算机不仅能进行算术运算和逻辑运算，而且能对各种信息（如语言、文字、图形、图像、音乐等）通过编码技术进行判断或比较，进行逻辑推理和定理证明，从而使计算机能解决各种不同的数据处理问题。

5.自动化

计算机是由程序控制操作过程的，在工作过程中不需要人工干预，只要根据应用的需要将事先编制好的程序输入计算机，计算机就能根据不同信息的具体情况作出判断，自动、连续地工作，完成预定的处理任务。利用计算机这个特点，人们可以让计算机去完成那些枯燥乏味、令人厌烦的重复性劳动，也可让计算机控制机器深入人类难以进入的有毒有害的场所作业。这就是计算机在过程控制中的应用。

6.通用性

计算机能够在各行各业得到广泛的应用，原因之一就是其具有很强的通用性。它可以将任何复杂的信息处理任务分解成一系列基本算术运算和逻辑运算，反映在计算机的指令操作中，按照各种规律要求的先后次序把它们组织成各种不同的程序存入存储器中。在计算机工作的过程中，这种存储指挥和控制计算机进行自动、快速的信息处理，并且十分灵活、方便，易于变更，这就使计算机具有了极大的通用性。

7.网络与通信功能

目前广泛应用的"因特网"（Internet）连接了全世界 200 多个国家和地区的无数台计算机，网上的计算机用户可以共享网上资源、交流信息。

1.2.2 计算机的应用

计算机在诞生之初主要被用于数值计算，所以才得名"计算机"。但随着计算机技术的飞速发展，计算机的应用范围不断扩大，已经从科学计算、数据处理、实时控制等方面扩展到自动化办公、自动化生产、人工智能等领域。

1.科学和工程计算

在科学实验或者工程设计中，利用计算机进行数值算法求解或者工程制图称为科学和工程计算。其特点是计算量比较大，逻辑关系相对简单。科学和工程计算是计算机的一个重要应用领域。

2. 自动控制

根据冯·诺伊曼原理，人们利用程序存储方法，将机械、电器等设备的工作或动作程序设计成计算机程序，让计算机进行逻辑判断，并按照设计好的程序执行，这就实现了自动控制。这一过程一般会对计算机的可靠性、封闭性、抗干扰性等指标提出要求，可以应用于工业生产的过程控制，如炼钢炉控制、电力调度等。

3. 数据处理

数据处理是计算机的重要应用领域，数据是能转化为计算机存储信号的信息集合，具体指数字、声音、文字、图形、图像等。利用计算机可对大量数据进行加工、分析和处理，从而实现办公自动化。例如，财政、金融系统数据的统计和核算，银行储蓄系统的存款、取款和计息，企业的进货、销售、库存系统，学生管理系统等。

4. 计算机辅助系统

计算机辅助系统是计算机的另一个重要应用领域，主要包括计算机辅助设计、计算机辅助制造、计算机辅助教学、计算机辅助测试和计算机辅助工程等。

5. 人工智能

计算机具有像人一样的推理和学习功能，能够积累工作经验，具有较强的分析问题和解决问题的能力，所以计算机具有人工智能。人工智能的表现形式多种多样，如利用计算机进行数学定理的证明、逻辑推理、理解自然语言、辅助疾病诊断、实现人机对话及破译密码等。

6. 网络应用

计算机网络是计算机技术和通信技术互相渗透、不断发展的产物，利用一定的通信线路，将若干台计算机相互连接起来形成一个网络，以达到资源共享和数据通信的目的，是计算机应用的另一个重要方面。

7. 多媒体应用

信息与技术的交互发展推动了计算机多媒体技术的出现与推广使用。计算机多媒体技术实现了音、形、色的结合，丰富了传媒、会议以及教学等的开展形式，扩大了日常信息传递的方法途径，是未来生产、生活中应用的主流技术之一。

8. 嵌入式系统

随着科学技术的发展，人类已经进入基于 Internet 的后 PC（个人计算机）时代。传统的 IT（信息技术）设备逐渐转变成嵌入式设备，小到智能卡、手机、水表，大到家电、汽车，甚至飞机、宇宙飞船，人们的生活已经被嵌入式系统所包围。

扩展阅读：AlphaGo

阿尔法围棋（AlphaGo）是第一个击败人类职业围棋选手、第一个战胜围棋世界冠军的人工智能机器人，由谷歌（Google）旗下 DeepMind 公司戴密斯·哈萨比斯（Demis Hassabis）领衔的团队开发。AlphaGo 的主要工作原理是"深度学习"。

2016 年 3 月，AlphaGo 与围棋世界冠军、职业九段棋手李世乭进行围棋人机大战，以 4 比 1 的总比分获胜；2016 年末 2017 年初，AlphaGo 在中国棋类网站上以"大师"（Master）为注册账号与中日韩数十位围棋高手进行快棋对决，连续 60 局无一败绩；2017 年 5 月，在中国乌镇围棋峰会上，它与排名世界第一的世界围棋冠军柯洁对战，以 3 比 0 的总比分获胜。围棋界公认 AlphaGo 的棋力已经超过人类职业围棋顶尖水平。

2017 年 5 月 27 日，在柯洁与 AlphaGo 的人机大战之后，AlphaGo 团队宣布 AlphaGo 将不再参加围棋比赛。2017 年 10 月 18 日，DeepMind 团队公布了最强版 AlphaGo，代号 AlphaGo Zero。

据 AlphaGo 团队负责人大卫·席尔瓦（Dave Sliver）介绍，AlphaGo Zero 使用新的强化学习方法，让自己变成了老师。系统一开始甚至并不知道什么是围棋，只是从单一神经网络开始，通过神经网络强大的搜索算法，进行自我对弈。随着自我对弈的增加，神经网络逐渐调整，提升预测下一步的能力，最终赢得比赛。

更为厉害的是，随着训练的深入，AlphaGo 团队发现，AlphaGo Zero 还独立发现了游戏规则，并走出了新策略，为围棋这项古老的游戏带来了新的见解。

1.2.3 计算机的分类

计算机的分类方法有很多种，可以按计算机处理信息的表示方式、计算机的用途、计算机的主要构成元件、计算机的运算速度和应用环境等多个方面予以划分。按照结构原理的不同，计算机可以分为数字电子计算机、模拟电子计算机和数模混合电子计算机；按照设计目的不同，计算机可以分为通用电子计算机、专用电子计算机；按照大小和用途的不同，计算机可以分为巨型计算机、大中型主机、小型计算机、个人计算机和工作站。

随着科学技术的发展，各种计算机的性能指标均在不断提高，计算机的分类也在不断变化。常用的计算机主要有以下五类：

1. 服务器

服务器必须功能强大，具有很强的安全性、可靠性、联网特性以及远程管理和自动控制功能，具有很大容量的存储器和很强的处理能力。

2. 工作站

工作站是一种高档微型计算机，但与一般高档微型计算机不同的是，工作站具有更强的图形处理能力，支持高速的 AGP（图形加速端口），能运行三维 CAD（计算机辅助设计）软件，并且它有一个大屏幕显示器，以便显示设计图、工程图和控制图等。工作站又可分为初级工作站、工程工作站、图形工作站和超级工作站等。

3.台式机

台式机就是通常说的微型计算机，它由主机箱、显示器、键盘和鼠标等部件组成。通常，厂家根据不同用户的要求，通过不同配置，又可将台式机分为商用计算机、家用计算机和多媒体计算机等。

4.便携机

便携机又称笔记本电脑，它除了质量轻、体积小、携带方便外，与台式机功能相似，但同等配置下价格比台式机贵。便携机使用方便，适合于移动通信工作。

5.嵌入式计算机

它一般由嵌入式微处理器、外围硬件设备、嵌入式操作系统以及用户的应用程序等4个部分组成。嵌入式计算机在计算机市场份额中增长最快，其种类繁多，形态多种多样。

1.3 计算机系统组成和工作原理

1.3.1 计算机系统的基本组成

一个完整的计算机系统通常由硬件系统和软件系统两大部分组成，如图1-3所示。其中，硬件系统是指实际的物理设备，由控制器、运算器、存储器、输入设备和输出设备组成；软件系统是指计算机中的各种程序和数据，包括计算机本身运行时所需要的系统软件，以及用户设计的、完成各种具体任务的应用软件。计算机的硬件和软件是相辅相成的，二者缺一不可，只有硬件和软件齐备并协调配合才能发挥出计算机的强大功能，为人类服务。

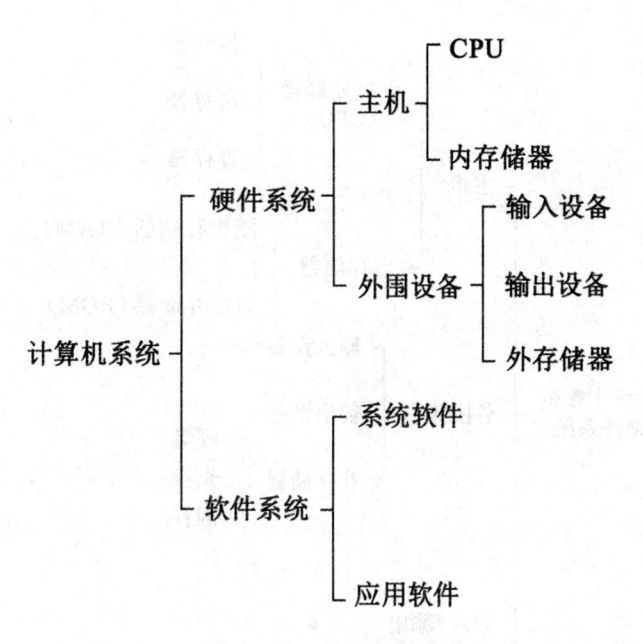

```
                          ┌─ CPU
                  ┌─ 主机 ─┤
                  │       └─ 内存储器
          ┌─ 硬件系统 ─┤
          │       │       ┌─ 输入设备
          │       │       │
          │       └─ 外围设备 ─┤ 输出设备
          │               │
计算机系统 ─┤               └─ 外存储器
          │
          │               ┌─ 系统软件
          └─ 软件系统 ─┤
                      │
                      └─ 应用软件
```

图 1-3 计算机系统的组成

1. 计算机硬件系统

计算机硬件系统是由控制器、运算器、存储器、输入设备和输出设备组成，其中，控制器和运算器又合称为 CPU（中央处理器），在微型计算机中称为 MPU（微处理器）；CPU 和内存储器合在一起称为主机；输入设备、输出设备和外存储器合称外围设备。随着大规模、超大规模集成电路技术的发展，计算机硬件系统将控制器和运算器集成在一块微处理器芯片上，通常称为 CPU 芯片，随着芯片的发展，其内部又增添了高速缓冲寄存器，可以更好地发挥 CPU 芯片的性能，提高对多媒体的处理能力。由 CPU、存储器、输入设备、输出设备和连接各个部件以实现数据传送的总线组成的计算机硬件系统又称微型计算机硬件系统，如图 1-4 所示。

计算机基础与应用

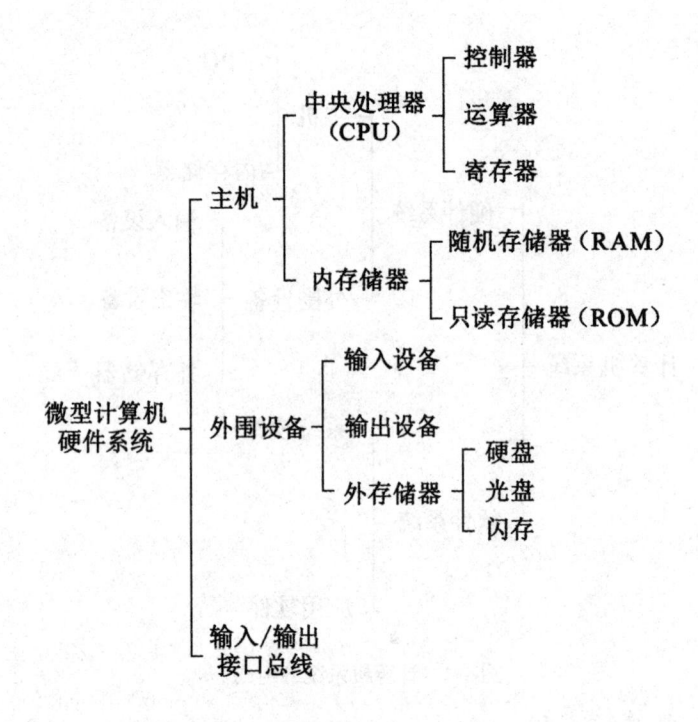

```
微型计算机硬件系统
├─ 主机
│   ├─ 中央处理器（CPU）
│   │   ├─ 控制器
│   │   ├─ 运算器
│   │   └─ 寄存器
│   └─ 内存储器
│       ├─ 随机存储器（RAM）
│       └─ 只读存储器（ROM）
├─ 外围设备
│   ├─ 输入设备
│   ├─ 输出设备
│   └─ 外存储器
│       ├─ 硬盘
│       ├─ 光盘
│       └─ 闪存
└─ 输入/输出接口总线
```

图 1-4 微型计算机硬件系统的组成

（1）中央处理器

中央处理器是计算机硬件系统的核心。它主要包括控制器、运算器和寄存器等部件。一台计算机运行速度的快慢，主要取决于中央处理器的配置。微型计算机的 CPU 安置在大拇指大小甚至更小的芯片上，如图 1-5 所示。

图 1-5 中央处理器芯片

扩展阅读：龙芯处理器

2002年8月10日诞生的"龙芯1号"是我国首枚拥有自主知识产权的通用高性能微处理芯片。龙芯从2001年以来共开发了1号、2号、3号三个系列处理器和龙芯桥片系列，在政企、安全、金融、能源等应用场景得到了广泛的使用。龙芯1号系列为32位低功耗、低成本处理器，主要面向低端嵌入式和专用应用领域；龙芯2号系列为64位低功耗、单核或双核系列处理器，主要面向工控和终端等领域；龙芯3号系列为64位多核系列处理器，主要面向桌面和服务器等领域。

2015年3月31日，中国发射首枚使用"龙芯"的北斗卫星。

2019年12月24日，龙芯3A4000/3B4000在北京发布，使用与上一代产品相同的28 nm工艺，通过设计优化，实现了性能的成倍提升。龙芯坚持自主研发，芯片中的所有功能模块，包括CPU核心等在内的所有源代码均实现自主设计，所有定制模块也均为自主研发。2020年3月3日，360公司与龙芯中科技术有限公司联合宣布，双方将加深多维度合作，在芯片应用和网络安全开发等领域进行研发创新，并展开多方面的技术与市场合作。

2021年4月，龙芯自主指令系统架构（Loongson Architecture，简称龙芯架构或LoongArch）的基础架构通过国内第三方知名知识产权评估机构的评估，同年12月17日首发。

2023年11月28日，新一代国产CPU——龙芯3A6000在北京发布，同时推出的还有打印机主控芯片龙芯2P0500。

①控制器。控制器是计算机的指挥中心，它根据用户程序中的指令控制机器的各部分，使其协调一致地工作。其主要任务是从存储器中取出指令，分析指令，并对指令译码，按时间顺序和节拍向其他部件发出控制信号，从而指挥计算机有条不紊地协调工作。

②运算器。运算器是专门负责处理数据的部件，即对各种信息进行加工处

理，它既能进行加、减、乘、除等算术运算，又能进行与、或、非、比较等逻辑运算。

③寄存器。寄存器是处理器内部的暂时存储单元，用来暂时存放指令、即将被处理的数据、下一条指令地址及处理的结果等。它的位数可以代表计算机的字长。

（2）存储器

存储器是专门用来存放程序和数据的部件。按功能和所处位置的不同，存储器又分为内存储器和外存储器两大类。随着计算机技术的快速发展，在 CPU 和内存储器（主存）之间又设置了高速缓冲存储器。

①内存储器。内存储器简称内存，又称主存，主要用来存放 CPU 工作时用到的程序和数据以及计算后得到的结果。内存储器芯片又称内存条，如图 1-6 所示。

图 1-6　内存储器芯片

计算机中的信息用二进制表示，常用的单位有位、字节和字。

位（b）是计算机中表示信息的最小数据单位，是二进制的一个数位，每个 0 或 1 就是一个位。它也是存储器存储信息的最小单位。

字节（B）是计算机中表示信息的基本数据单位。1 字节由 8 个二进制位组成。1 个字符的信息占 1 字节，1 个汉字的信息占 2 字节。在计算机中，存储容量的计量单位有字节（B）、千字节（KB）、兆字节（MB）、十亿字节（GB）以及万亿字节（TB）等。它们之间的换算关系如下：

1 B＝8 b

1 KB＝2^{10} B＝1 024 B

1 MB＝2^{10} KB＝1 024 KB＝1 024×1 024 B

1 GB＝2^{10} MB＝1 024 MB＝1 024×1 024×1 024 B

1 TB＝2^{10} GB＝1 024 GB＝1 024×1 024×1 024×1 024 B

因为计算机用的是二进制，所以转换单位是 2 的 10 次幂。

字（word）指在计算机中作为一个整体被存取、传送、处理的一组二进制信息。一个字由若干个字节组成，每个字中所含的位数是由 CPU 的类型所决定的，它总是字节的整数倍。例如，64 位微型计算机，指的是该微型计算机的一个字等于 64 位二进制信息。通常，运算器以字为单位进行运算，一般寄存器以字为单位进行存储，控制器以字为单位进行接收和传递。

内存容量是计算机的一个重要技术指标。目前，计算机常见的内存容量配置为 4 GB、8 GB、16 GB 和 32 GB，甚至更大。内存通过总线直接相连，存取数据速度快。

内存储器按读/写方式又可分为随机存取存储器和只读存储器两类。

随机存取存储器（又称随机存储器）允许用户随时进行读/写数据，简称 RAM。在计算机开机后，计算机系统把需要的程序和数据调入 RAM，再由 CPU 取出执行，用户输入的数据和计算的结果也存储在 RAM 中。只要关机或断电，RAM 中的程序和数据就立即全部丢失。因此，为了妥善保存计算机处理后的数据和结果，必须及时将其转存到外存储器。根据工作原理不同，RAM 又可分为 SRAM（静态随机存取存储器）和 DRAM（动态随机存取存储器）。

只读存储器只允许用户读取数据，不能写入数据，简称 ROM。ROM 常用于存放系统核心程序和服务程序。在计算机开机后，ROM 中就有程序和数据；断电后，ROM 中的程序和数据也不丢失。根据工作原理的不同，ROM 又可分为 MROM（掩模只读存储器）、PROM（可编程只读存储器）、EPROM（可擦除可编程只读存储器）和 EEPROM（电可擦除可编程只读存储器）。

②高速缓冲存储器。随着计算机技术的高速发展和 CPU 主频的不断提高，人们对内存的存取速度要求越来越高；然而，内存的速度总是达不到 CPU 的速度，它们之间存在着速度上的严重不匹配。为了协调二者之间的速度差异，在这二者之间采用了高速缓冲存储器技术。

高速缓冲存储器又称为 Cache。Cache 采用双极型 SRAM，它的访问速度是 DRAM 的 10 倍左右，但容量比内存相对要小，一般为 128 KB、256 KB、512 KB、1 MB 等。Cache 位于 CPU 和内存之间，通常将 CPU 要经常访问的内存内容先调入 Cache 中，以后 CPU 要使用这部分内容时可以快速地从 Cache 中取出。

Cache 一般分为 L1 Cache（一级缓存）和 L2 Cache（二级缓存）两种。L1 Cache 和 L2 Cache 集成在 CPU 芯片内部，目前主流 CPU 的 L2 Cache 存储容量一般为 1~12 MB。新式 CPU 还具有 L3 Cache（三级缓存）。

③外存储器。外存储器简称外存，也称辅存，主要用来存放需长期保存的程序和数据。当开机后，用户根据需要将所需的程序或数据从外存调入内存，再由 CPU 执行或处理。外存储器是通过适配器或多功能卡与 CPU 相连的，存取数据的速度比内存储器慢，但存储容量一般都比内存储器大得多。目前，微型计算机系统常用的外存储器有硬磁盘（简称硬盘）、光盘和闪存盘。光盘又可分为只读光盘和读/写光盘等。

硬盘是微型计算机系统中广泛使用的外部存储器设备。硬盘是由若干个圆盘组成的圆柱体，若干张盘片的同一磁道在纵方向上所形成的同心圆构成一个柱面，柱面由外向内编号，同一柱面上各磁道和扇区的划分与早期曾使用过的软盘基本相同，每个扇区的容量也与软盘一样，通常是 512 B。所以，硬盘是按柱面、磁头和扇区的格式来组织存储信息的。硬盘格式化后的存储容量可按以下公式计算：

硬盘容量＝磁头数×柱面数×扇区数×每扇区字节数

例如，某硬盘格式化后有磁头 16 个、柱面 3 184 个，每柱面有扇区 63 个，则该硬盘容量＝16×3 184×63×512 B＝1 643 249 664 B＝1 604 736 KB，约为 1.6 GB。

　　硬盘常被封装在硬盒内，固定安装在机箱里，难以移动。因此，它不能像软盘那样便于携带，但它比软盘存储信息密度高、容量大，读／写速度也比软盘快，所以人们常用硬盘来存储经常使用的程序和数据。硬盘的存储容量一般为几百吉字节（GB），甚至更大。

　　光盘是利用光学方式读／写信息的外部存储设备，利用激光在硬塑料片上烧出凹痕来记录数据。光盘便于携带，存储容量比软盘大，一张 CD 光盘可以存放大约 650 MB 数据，并且读／写速度快，不受干扰。

　　目前，在计算机上使用的光盘大体可分为只读光盘（CD-ROM）、一次性写入光盘（WO）和可擦写型光盘（MO）3 类。常用的只读光盘上的数据是在光盘出厂时就记录、存储在上面的，用户只能读取，不能修改；一次性写入光盘允许用户写入一次，可多次读取；可擦写型光盘允用户反复多次读／写，就像对硬盘操作一样，故也称为磁光盘。

　　优盘又称闪存盘，是一种近些年才发展起来的新型移动存储设备，它小巧玲珑，可用于存储任何数据，并与计算机方便地交换文件。优盘结构采用闪存存储介质和通用串行总线接口，具有轻巧精致、使用方便、便于携带、容量较大、安全可靠等特征。从容量上讲，它的容量从 16 MB 到 4 GB、16 GB、32 GB，甚至更大；从读／写速度上讲，它采用 USB 接口标准，读／写速度大大提高；从稳定性上讲，它没有机械读／写装置，避免了由移动硬盘容易碰伤等原因造成的损坏。它外形小巧，更容易携带，使用寿命主要取决于存储芯片寿命，存储芯片至少可擦写 10 万次。优盘由硬件部分和软件部分组成。其中，硬件部分包括 Flash 存储芯片、控制芯片、USB 端口、PCB 电路板、外壳和 LED 指示灯等。

　　（3）输入设备

　　输入设备是人们向计算机输入程序和数据的一类设备。目前，常见的微型计算机输入设备有键盘、鼠标、光笔、扫描仪、数码相机及语音输入装置等。其中，键盘和鼠标是两种最基本的、使用最广泛的输入设备。

①键盘。键盘（keyboard）是用户与计算机进行交流的主要工具，是计算机最重要的输入设备，也是微型计算机必不可少的外部设备。键盘可以根据击键数、按键工作原理、键盘外形等进行分类。其中，键盘的按键数曾出现过83键、93键、96键、101键、102键、104键、107键等。目前，市场上主流的是104键键盘。通常键盘由五部分组成，即主键盘区、控制键区、数字键区、状态指示区、功能键区，如图1-7所示。

主键盘即通常的英文打字机用键，在键盘中部；控制键区在主键盘区和数字键区中间；小键盘即数字键区，在键盘右侧，与计算器类似；状态指示区在数字键区上部；功能键区在主键盘区上部，标记为F1～F12。键盘的接口主要有PS/2和USB，无线键盘则采用无线连接。

图1-7　键盘结构示意图

②鼠标。鼠标是日常最频繁操作的外接输入设备之一，是计算机显示系统纵横坐标定位的指示器，因其外形酷似老鼠而得名"鼠标"，英文名"mouse"。鼠标是一种流行的输入设备，它可以方便准确地移动光标进行定位，鼠标的使用是为了使计算机的操作更加简便，来代替键盘烦琐的指令。鼠标按按键数的不同，可以分为传统双键鼠标、三键鼠标和多键鼠标；按内部构造的不同，可以分为机械式鼠标、光机式鼠标和光电式鼠标三大类；按连接方式的不同，可

以分为有线鼠标和无线鼠标。

（4）输出设备

输出设备是计算机输出结果的一类设备。目前微型计算机常用的输出设备有显示器、打印机、绘图仪等，其中显示器和打印机是基本的、使用较为广泛的输出设备。

①显示器。显示器也称监视器（monitor），是人机交互必不可少的设备，也是计算机系统最常用的输出设备。通过显示器，人们可以方便地查看输入计算机的程序、数据和图形信息以及经过计算机处理后的结果。根据工作原理的不同，显示器可分为阴极射线管显示器（CRT）和液晶显示器（LCD）两类。目前，大部分液晶显示器采用 LED 背光技术，优点是使用范围广、低电压和耐冲击等。按照用途的不同，显示器可分为实用型、绘图型、专业型和多媒体型 4 类。显示器屏幕的尺寸以英寸（符号为"in"）为单位，目前常见的显示器屏幕大小有 24 in、27 in、34 in 等。显示器显示图像的细腻程度与显示器的分辨率有关，分辨率愈高，显示图像愈清晰。所谓分辨率，是指屏幕上横向、纵向发光点的点数，一个发光点称为一个像素。目前，常见显示器的分辨率有 640×480 像素、800×600 像素、1 024×768 像素、1 920×1 080 像素等。彩色显示器的像素由红、绿、蓝 3 种颜色组成，发光像素的不同组合可产生各种不同颜色的图形。液晶显示器实物如图 1-8 所示。

图 1-8　液晶显示器

②打印机。打印机也是计算机系统中常用的输出设备，可以分为撞针式（击打式）和非撞针式（非击打式）两种。目前常用的打印机有针式打印机、喷墨式打印机和激光式打印机三种。针式打印机是通过一排排打针（常有 24 根针）冲击色带而形成墨点，组成文字或图像，它既可在普通纸上打印，又可在蜡纸上打印，但打印字迹比较粗糙；喷墨式打印机通过向纸上喷射微小的墨点形成文字或图像，打印字迹细腻，但纸和墨水耗材比较贵；激光式打印机速度快且字迹精细，但价格较高。打印机实物外观如图 1-9 所示。

图 1-9　打印机

（5）主板和总线

每台微型计算机的主机箱内部都有一块较大的电路板，称为主板。微型计算机的中央处理器芯片、内存储器芯片（又称内存）、硬盘、输入/输出接口以及其他各种电子元器件都安装在这个主板上。主板实物如图 1-10 所示。

图 1-10　主板

为了实现中央处理器、存储器和外部输入/输出设备之间的信息连接，微型计算机系统采用了总线结构。所谓总线（bus），是指能为多个功能部件服务的一组信息传送线，是实现中央处理器、存储器和外部输入/输出接口之间相互传送信息的公共通路。按功能不同，微型计算机的总线又可分为地址总线、数据总线和控制总线 3 类。

地址总线是中央处理器向内存、输入/输出接口传送地址的通路，地址总线的根数反映了微型计算机的直接寻址能力，即一个计算机系统的最大内存容量。例如，早期的 Intel 8088 计算机系统有 20 根地址线，直接寻址范围为 2^{20} B（1 MB）；后来的 Intel 80286 型计算机系统地址线增加到 24 根，直接寻址范围为 2^{24} B（16 MB）；再后来使用的 Intel 80486、Pentium（奔腾）计算机系统有 32 根地址线，直接寻址范围可达 2^{32} B（4 GB）。

数据总线用于中央处理器与内存、输入/输出接口之间传送数据。16 位的计算机一次可传送 16 位的数据，32 位的计算机一次可传送 32 位的数据。

控制总线是中央处理器向内存及输入/输出接口发送命令信号的通路，同时也是内存或输入/输出接口向微处理器回送状态信息的通路。

微型计算机中的处理器、存储器、输入设备、输出设备等各功能部件通过总线连接起来，组成一个完整的计算机硬件系统。需要说明的是，上面介绍的功能部件仅仅是计算机硬件系统的基本配置。随着科学技术的发展，计算机已从单机应用向多媒体、网络应用发展，相应的音频卡、视频卡、调制解调器、网络适配器等功能部件也是计算机硬件系统中不可缺少的硬件配置。

2.计算机软件系统

软件（software）是计算机系统必不可少的组成部分，是相对于硬件而言的，是计算机的灵魂。软件的功能是充分发挥计算机硬件资源的效益，为用户使用计算机提供方便。概括来说，软件＝程序＋文档。软件是为方便用户使用计算机和提高使用效率而组织开发的程序以及用于开发、使用和维护的有关文档。程序是一系列按照特定顺序组织的计算机数据和有序指令的集合，计算机之所以能够自动而连续地完成预定的操作，就是运行特定程序的结果。而文档指的是对程序进行描述的文本，用于对程序进行解释、说明。根据软件的不同用途，可将微型计算机的软件系统分为系统软件和应用软件两大类。

（1）系统软件

系统软件指的是无须用户干预，计算机就能正常、高效地工作所配备的各种程序的集合，其主要功能是进行调度、监控和维护计算机系统，负责管理计算机系统中的硬件，使它们协调工作。系统软件包括操作系统、语言处理程序、数据库管理系统等。

①操作系统。操作系统（operating system, OS）是最重要的系统软件，是用于管理、控制计算机系统的软件、硬件和数据资源的大型程序，是用户和计算机之间的接口，并提供软件的开发和应用环境。操作系统有两大功能：一是对计算机系统硬件资源和软件资源进行管理、控制和调度，以提高计算机的效率和各种硬件的利用率；二是作为人机对话的界面，为用户提供友好的工作环境和服务。

随着计算机技术的迅速发展和计算机的广泛应用，用户对操作系统的功能、应用环境、使用方式不断提出了新的要求，因而逐步形成了不同类型的操作系统。

操作系统种类繁多，可以从以下几个角度划分：根据应用领域不同，可分为桌面操作系统、服务器操作系统、主机操作系统、嵌入式操作系统等；根据功能不同，可分为批处理操作系统、分时操作系统、实时操作系统、网络操作系统、分布式操作系统等；根据工作方式不同，可分为单用户单任务操作系统（如 MS-DOS 等）、单用户多任务操作系统（如 Windows 98 等）、多用户多任务分时操作系统（如 Linux、Unix、Windows 7、Windows 8、Windows 10 等）；根据源代码的开放程度不同，可分为开源操作系统（如 Linux、Android、Chrome OS）和闭源操作系统（如 Windows 系列）等。

②语言处理程序。人和计算机交流信息使用的语言称为计算机语言或程序

设计语言。语言处理程序是为用户设计的编程服务软件,用于将高级语言源程序翻译成计算机能识别的目标程序,从而让计算机解决实际问题。程序设计语言的基础是一组记号和一组规则。在程序设计语言发展过程中产生了种类繁多的语言。但是,这些语言都包含数据成分、运算成分、控制成分和传输成分。数据成分描述程序中所涉及的数据;运算成分描述程序中所涉及的运算;控制成分描述程序中的控制结构;传输成分描述程序中的数据传输。

程序设计语言经历了由低级语言向高级语言发展的辉煌历程,按照语言处理程序对硬件的依赖程度,计算机语言通常分为机器语言、汇编语言和高级语言三类。

③数据库管理系统。数据库管理系统(database management system, DBMS)是对计算机中所存放的大量数据进行组织、管理、查询,并提供一定处理功能的大型系统软件。简单来说,数据库管理系统的作用就是管理数据库。它是位于用户和操作系统之间的数据管理软件,能够科学地组织和存储数据,高效地获取和维护数据。目前,常见的数据库管理系统有 Access、SQL Server、My SQL、Oracle 等。

(2) 应用软件

应用软件是为了帮助用户实现某一特定任务或特殊目的而开发的软件,涉及计算机应用的所有领域。各种科学和工程设计软件、各种管理软件、各种辅助设计软件和过程控制软件等都属于应用软件。应用软件可以是一个特定的程序,也可以是一组功能紧密协作的软件集合体或由众多独立软件组成的庞大软件系统。应用软件在计算机系统中的位置如图 1-11 所示。

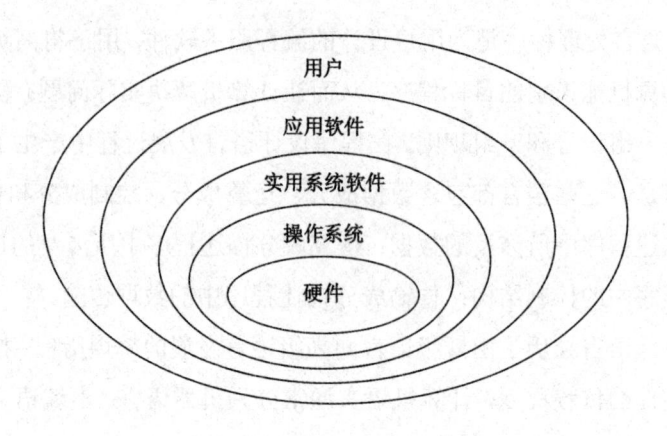

图 1-11　应用软件在计算机系统中的位置

现在市面上应用软件的种类非常多，应用软件的开发也是使计算机充分发挥作用的十分重要的工作。表 1-1 列举了各个领域常用的应用软件。

表 1-1　常用应用软件列表

种类	举例
通信软件	微信、QQ、钉钉、陌陌
平面设计软件	Photoshop、CorelDRAW、Illustrator、Fireworks、AutoCAD、方正飞腾排版
程序开发软件	Visual Studio Code、Microsoft Visual Studio、Eclipse、易语言
网站开发软件	Dreamweaver、SharePoint Designer、Apache Tomcat
辅助设计软件	Auto CAD、Rhino、Pro/E
三维制作软件	3ds Max、Maya、Cinema 4D、Softimage 3D
视频编辑与制作软件	Adobe Premiere、Vegas、After Effects、Ulead
多媒体开发软件	Animate CC、HTML5、Authorware
办公应用软件	Microsoft Office、WPS、Open Office、永中 Office
浏览器	IE、Microsoft Edge、360、Chrome、Opera、Firefox、QQ、搜狗、猎豹、遨游、UC、世界之窗、GreenBrowser
安全软件	360、火绒、金山、瑞星、微点、AVAST、诺顿、卡巴斯基、ESET NOD32、Avira AntiVir、趋势科技、McAfee、BitDefender

1.3.2 计算机系统工作原理

到目前为止，尽管计算机发展了四代，但其基本工作原理仍然没有改变，即冯·诺伊曼原理。概括来说，计算机的基本工作原理就是两个方面：存储程序与程序控制。这一原理可以简单地叙述为：将完成某一计算任务的步骤，用机器语言程序预先送到计算机存储器中保存，然后按照程序编排的顺序，一步一步地从存储器中取出指令，控制计算机各部分运行，并获得所需结果。按照这个原理，计算机在执行程序时须先将要执行的相关程序和数据放入内存储器中。在执行程序时，CPU 根据当前程序指针从存储器中取出指令，并执行指令，然后再取出下一条指令并执行，如此循环下去直到程序结束指令时才停止执行。图 1-12 所示为计算机系统的工作原理。

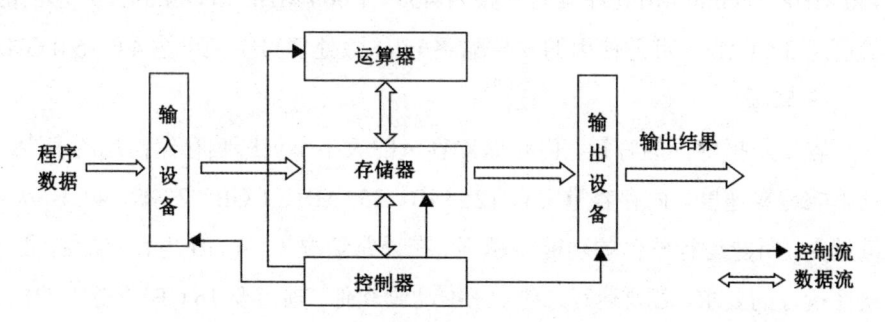

图 1-12 计算机系统的工作原理示意图

1.3.3 计算机系统的性能指标

如何评价计算机系统的性能是一个很复杂的问题，在不同的场合依据不同的用途有不同的评价标准。但微型计算机系统有许多共同的性能指标是用户必须要熟悉的。目前，微型计算机系统主要考虑的性能指标有以下几个：

1. 字长

字长指计算机处理指令或数据的二进制位数。字长越长，表示计算机硬件处理数据的能力越强。通常，微型计算机的字长有 16 位、32 位及 64 位等。目前流行的微型计算机的字长是 64 位。

2. 运算速度

计算机的运算速度是人们最关心的一项性能指标。通常，微型计算机的运算速度以每秒钟执行的指令条数来表示，经常用每秒百万条指令数（MIPS）为计数单位。例如，Pentium 处理器的运算速度可达 300MIPS 甚至更高。

由于运算速度与处理器的时钟频率密切相关，所以人们也经常用中央处理器的主频来表示其运算速度。主频以兆赫兹（MHz）或吉赫兹（GHz）为单位，主频越高，表示处理器的运算速度越快。例如，PentiumⅡ处理器的主频为 233～450 MHz，PentiumⅢ处理器的主频为 450～1 000 MHz，PentiumⅣ处理器的主频可达 3.6 GHz，目前使用的 6 核酷睿 Intel 微处理器主频可达 4.0～5.0 GHz。

3. 容量

容量是指内存的容量。内存储器容量的大小不仅影响存储信息的多少，而且影响运算速度。内存容量常有 128 MB、256 MB、1 GB、2 GB、4 GB 等，容量越大，所能运行软件的功能就越强。在通常情况下，4 GB 内存就能满足一般软件运行的要求，若要运行二维、三维动画软件，则需要 16 GB 或更大的内存。

4. 带宽

计算机的数据传输速率用带宽表示，数据传输速率的单位是位每秒（b/s），也常用 kb/s、Mb/s、Gb/s 表示每秒传输的位数。带宽反映了计算机的通信能力。例如，调制解调器的数据传输速率为 33 kb/s 或 56 kb/s。

5. 版本

版本序号反映计算机硬件、软件产品的不同生产时期，通常序号越大性能越好。例如，Windows 2000 就比 Windows 98 好，而 Windows 10 又比 Windows 7 功能更强，性能更好。

6.可靠性

可靠性是指在给定的时间内微型计算机系统能正常运行的概率,通常用 MTBF(平均故障间隔时间)来表示,MTBF 越长表明系统的可靠性越好。

第 2 章　Windows 10 操作系统

操作系统是最重要的系统软件，它控制和管理计算机硬件资源和软件资源，给用户提供计算机操作接口界面，并提供软件的开发和应用环境。计算机必须在操作系统的管理下才能运行，人们借助操作系统才能方便、灵活地使用计算机。Windows 是微软公司开发的基于图形用户界面的操作系统，也是目前使用最为广泛的操作系统。本章首先介绍操作系统的基本知识和概念，之后重点介绍 Windows 10 的使用操作。

【学习目标】
- 理解操作系统的基本概念和 Windows 10 的新特性。
- 掌握构成 Windows 10 的基本元素和基本操作。
- 掌握 Windows 10 文件资源管理器和文件/文件夹的常用操作。
- 掌握 Windows 10 的程序管理。
- 掌握 Windows 10 的系统设置和磁盘管理的基本方法。
- 了解 Windows 10 多媒体功能。

2.1　操作系统

操作系统是最重要、最基本的系统软件，没有操作系统，人与计算机将无法直接交互，无法合理地组织软件和硬件有效地工作。通常，没有操作系统的计算机被称为"裸机"。

2.1.1 什么是操作系统

操作系统是一组控制和管理计算机软件和硬件资源，为用户提供便捷使用计算机的程序的集合。它是配置在计算机上的第一层软件，是对硬件功能的扩充。它不仅是硬件与其他软件系统的接口，也是用户和计算机之间进行交流的界面。操作系统是计算机软件系统的核心，是计算机发展的产物。引入操作系统主要有两个目的：一是方便用户使用计算机，用户输入一条简单的指令就能自动完成复杂的功能，操作系统能够启动相应程序，调度恰当的资源并输出结果；二是统一管理计算机系统的软件和硬件资源，合理地组织计算机工作流程，以便更好地发挥计算机的效能。

2.1.2 操作系统的功能

1. 处理器管理

处理器管理最基本的功能是处理中断事件。处理器只能发现中断事件并产生中断，而不能进行处理，在配置了操作系统后，就可以对各种事件进行处理。处理器管理的另一个功能是处理器调度。处理器可能是一个，也可能是多个，不同类型的操作系统将针对不同情况采取不同的调度策略。

2. 存储器管理

存储器管理主要是指针对内存储器的管理。管理的主要任务是分配内存空间，保证各作业占用的内存空间不发生矛盾，并使各作业在自己所属存储区中互不干扰。

3. 设备管理

设备管理是指管理各类外围设备（简称外设），包括分配、启动和故障处理等。其主要任务是当用户使用外围设备时，必须提出要求，待操作系统进行统一分配后方可使用。当用户的程序运行要使用某外设时，由操作系统负责驱动外设。另外，操作系统还具有处理外设中断请求的能力。

4.文件管理

文件管理是指操作系统对信息资源的管理。操作系统中负责存取管理信息的部分称为文件系统。文件是在逻辑上具有完整意义的一组相关信息的有序集合，每个文件都有一个文件名。文件管理支持文件的存储、检索和修改等操作以及文件的保护功能，操作系统一般都提供功能较强的文件系统，有的还提供数据库系统来实现信息的管理工作。

5.作业管理

每个用户请求计算机系统完成一个独立的操作称为作业。操作系统的作业管理包括作业的输入和输出，以及作业的调度与控制（根据用户的需要控制作业运行的步骤）。

2.1.3 操作系统的种类

操作系统可以从以下两个角度进行分类：

①从用户的角度，操作系统可分为单用户单任务操作系统（如 DOS）、单用户多任务操作系统（如 Windows）和多用户多任务操作系统（如 Unix）。

②从系统操作方式的角度，操作系统可分为批处理操作系统、分时操作系统、实时操作系统、网络操作系统和分布式操作系统。

2.1.4 常用操作系统

微型计算机使用的操作系统很多，下面介绍几款常用的操作系统：

1.MS-DOS 操作系统

MS-DOS 是美国微软公司开发的字符界面的 16 位微机操作系统。20 世纪

80 年代到 90 代中期，MS-DOS 操作系统是 IBM PC 系列微型机及其各种兼容机的主流操作系统，其用户曾超过 6 000 万人。但 MS-DOS 操作系统也存在很大的局限性，它是基于单用户单任务的操作系统，在内存管理上采用静态分配，存在 640 KB 内存的限制等弱点。

2.Windows 操作系统

微软公司为了克服 DOS 系统的弱点，为用户提供更加人性化的操作环境，成功开发了 Windows 操作系统。

（1）Windows 操作系统的产生和发展

Windows 操作系统经历了以下阶段：

1985 年底，Windows 1.0 问世，但当时人们对此反应冷淡。

1988 年，Windows /386 问世，它独具特色的图形界面和鼠标操作，使人耳目一新，但它内部的缺陷还是很明显的。

1990 年 5 月，Windows 3.0 问世，这时由于硬件的快速发展，计算机性能已能与 Windows 的要求相匹配，Windows 才开始得到 PC 用户的欢迎。

1992 年，Windows 3.1 问世，但它还不是一个真正的图形界面操作系统，而是一个依赖于 DOS 环境的操作平台。

1995 年，Windows 95 问世，它是一个真正的 32 位个人计算机环境的操作系统，开创了 Windows 的新纪元。

1998 年，Windows 98 问世，它的性能进一步提升。

2000 年，微软公司推出了 Windows 2000 版，它增加了许多新特性和新功能。2001 年又推出了 Windows XP，与 Windows 2000 相比，Windows XP 在许多方面功能更加强大。

2006 年 11 月底，微软公司推出 Windows Vista 系统。该系统相对 Windows XP，内核几乎全部重写，带来了大量新功能。但由于兼容性的问题，它被认为是一个失败的操作系统版本。

2009 年 10 月，Windows 7 出现，同时服务器版本 Windows Server 2008 R2 也发布了。Windows 7 操作系统一经推出，就以其易用、快速、简单、安全等特性赢得了用户的青睐，并且兼容性也很优秀。

2012 年 10 月，Windows 8 出现。

2015 年 7 月，Windows 10 出现。Windows 10 操作系统在易用性和安全性方面有了极大的提升，除了针对云服务、智能移动设备、自然人机交互等新技术进行融合外，还对固态硬盘、生物识别、高分辨率屏幕等硬件进行了优化完善与支持。

2021 年 6 月，Windows 11 出现。Windows 11 有着更加美观的界面，更为精致的排版，更为友好的操作，能够支持安卓应用，更加省电，响应更快。

（2）Windows 操作系统的特点

Windows 是以视窗形式来表述信息的。在系统设计方面，构思巧妙，具有多任务处理能力，多个应用程序可以同时打开，并运行于各自的窗口中。

Windows 的每一次升级都增加了一些新特性，下面以 Windows 10 为例介绍它的特点。

①具有多任务处理和多屏幕显示能力。Windows 允许在前后台同时运行不同的应用程序；允许同时使用几台显示器以增大桌面尺寸，用户可以在不同的显示器上运行不同的程序。

②虚拟内存管理。打破了 DOS 的内存限制，可以访问更多的内存并实现虚拟内存的管理。

③操作灵活、简便。Windows 提供了一个非常友好的用户界面，即使是初学者，也能很容易学会用鼠标操作它。

④灵活的窗口操作。在 Windows 运行时，所有的程序都具有自己的运行窗口，窗口操作非常灵活。

⑤灵活的快捷菜单操作。在任何一个窗口中，只要单击右键就可以弹出一个快捷菜单，快捷菜单中包含了完成各项操作的常用命令。

⑥Windows 具有强大的设备管理功能。Windows 支持新一代的硬件技术，如 DVD 存储技术、USB 接口、个人 Web 服务器等，具有全面的即插即用支持，包含了大多数硬件的驱动程序。

⑦更强大的文件资源管理器。进入"文件资源管理器"主页，我们可以看到原先默认显示的"我的计算机"内容，现在已默认显示为"快速访问"内容（也可以使用"查看"选项卡中的"选项"命令，经过设置后，默认显示"此电脑"内容）。以前的"菜单＋任务栏"形式现在变成了"选项卡＋工具组＋功能按钮"的功能区。在"主页"选项卡上，可以看到"剪贴板""组织""新建""打开""选择"等各种工具组。在"共享"选项卡上，可以看到"发送""共享""高级安全"工具组。在"查看"选项卡上，可以看到"窗格""布局""当前视图""显示隐藏""选项"等工具组。这些工具组的使用非常方便。

⑧增强的网络功能。Windows 简化了网络设置，使连接局域网和访问 Internet 更加容易，并且增加了网络的安全性和控制性。

3.Unix 操作系统

Unix 操作系统是一个多用户、多任务的分时操作系统。它的应用十分广泛，而且具有良好的可移植性，从各种微型机到工作站、中小型机、大型机和巨型机，都可以运行 Unix 操作系统。Unix 系统具有如下特点：

①短小精悍，与核外程序有机结合。Unix 系统在结构上分为两大层：内核和核外程序。Unix 系统内核设计得非常精巧，合理的取舍使之提供了基本的服务。核外程序充分利用内核的支持，可以向用户提供大量的服务。

②文件系统采用树状结构。

③把设备看作文件。系统中所配置的每一个设备，包括磁盘、终端和打印机等，Unix 都有一个特殊文件与之对应。用户可使用普通的文件操作手段，对设备进行 I/O（输入/输出）操作。

④Unix 向用户提供了一个良好的界面。它包含两种界面：一种是用户在终端上通过使用命令和系统进行交互作用的界面；另一种是面向用户程序的界面，称为系统调用。

⑤良好的可移植性。Unix 系统的所有系统实用程序及内核的 90%都是用 C 语言编写的。由于 C 语言编译程序的可移植性，C 语言编写的 Unix 系统也

具有良好的可移植性。

4.Linux 操作系统

Linux 也是一个真正的多用户、多任务的操作系统。它一开始仅仅是为基于 Intel 处理器的 PC 机而设计的操作系统,在世界各地大量优秀软件设计工程师的不断努力下,以及目前计算机软件和硬件厂商的大力支持下,Linux 发展迅速,其提供的功能和用户可以获得的各种应用软件不断增加。目前,它已支持多种处理器。

第一版 Linux 的核心在 1991 年 11 月被放在 Internet 上供他人免费下载和使用。这样,一支分布在世界各地的 Linux 爱好者的队伍很快就形成了,这进一步为 Linux 的发展提供了力量和源泉。在这些人中,有的人为 Linux 核心程序提供各种补丁程序,并修改了 Linux 核心,使 Linux 能够提供更强大的功能和具备更好的稳定性,同时还有大量的用户开始使用 Linux,不断地测试和报告系统程序的错误。这些都是 Linux 能够飞速发展的重要因素。

经过多年的发展,大量的免费软件已经被移植到 Linux 上,使 Linux 成为一个完整的系统。Linux 主要包括以下几部分:

①各种语言的编译程序和强大的开发工具,如 C 语言和 C++语言的编译软件 gcc、Jav 编译软件和开发包、Perl 语言解释程序、人工智能的开发语言 LISP 等。可以说,目前世界各地存在并广泛使用的编程语言的编译或解释系统,都可以在 Linux 平台上找到。随着各大软件厂商对 Linux 支持力度的不断加大,越来越多的集成开发工具和平台也被移植到 Linux 上来。

②大量数据库管理系统。在 Linux 中存在着多种数据库管理系统,这为用户管理大批数据提供了方便。有的数据库管理系统是免费的,属于免费软件的一部分,如 MySQL 关系数据库系统和 PostgreSQL 面向对象的数据库管理系统。由于大量的软件厂商对 Linux 的支持,Linux 系统目前还有许多可用的商业数据库系统。

③图形用户界面。Linux 为用户提供了两种形式的界面,即图形界面和命令行控制台界面。Linux 使用 X Window 系统作为标准的图形界面。几乎所有

的 Linux 发行版都提供了 X Window 软件和多种形式的窗口管理器。

④网络通信工具和网络服务器软件。Linux 本身的发展依赖 Internet 这个大环境，可以说 Linux 是 Internet 的产物。Linux 对网络的支持是非常完整和强大的。

⑤办公自动化软件。为了使 Linux 能够用于不同的场合，Linux 系统提供了多种办公自动化软件，如多种排版系统、传真系统和会议安排系统等。

扩展阅读：华为鸿蒙系统——打破局限，引领未来

随着全球信息技术的不断发展，操作系统成了信息时代的关键一环。在这个领域，华为鸿蒙系统具有独特的优势和潜力。华为鸿蒙系统是华为公司自主研发的一款操作系统，旨在打破国外操作系统的垄断地位，为全球用户提供更加安全、可靠、高效的操作系统体验。随着华为手机的崛起和国际市场对于安全可靠的操作系统需求不断增长，华为鸿蒙系统应运而生。

华为鸿蒙系统采用了分布式架构，将各种设备有机地连接在一起，实现了跨终端的协同工作。这种架构使得不同设备之间能够更好地共享资源，提高整体使用效率。华为鸿蒙系统注重安全性和可靠性，采用了多重加密机制和权限控制，确保用户信息的安全。此外，系统还采用了自适应算法，能够智能识别恶意软件和病毒攻击，有效保障用户设备的安全运行。华为鸿蒙系统具有高效性能，采用了轻量级架构和优化算法，使得系统运行速度更快，响应更迅速。此外，系统还支持多任务处理和并行计算，能够更好地满足现代信息技术的需求。华为鸿蒙系统秉承开放合作的理念，与众多厂商和开发者合作，共同推进操作系统的发展和创新。这种开放合作的模式有助于吸引更多的开发者和用户，推动产业的持续发展。

华为鸿蒙系统在智能手机领域具有广泛的应用前景。通过分布式架构，用户可以在不同设备之间实现无缝切换，提高使用效率。同时，系统的安全性和可靠性也使得用户可以更加放心地使用各种应用和服务。
随着物联网技术的不断发展，华为鸿蒙系统在物联网领域也具有广泛的应用前景。通过分布式架构和安全可靠的特性，系统可以将各种物联网设备有机地连接在一起，实现更加高效、更加智能的物联网应用。车联网技术是未来智能交通的重要发展方向。华为鸿蒙系统可以与车辆系统进行深度融合，为用户提供更加智能、更加安全的驾驶体验。同时，系统的开放合作理念也有助于推动车联网技术的创新和发展。云计算技术是未来数据处理和分析的重要手段。华为鸿蒙系统可以与云计算平台进行集成，为用户提供更加高效、更加安全的云服务体验。同时，系统的开放合作理念也有助于推动云计算技术的发展和创新。

华为鸿蒙系统作为一款具有自主知识产权的操作系统，具有巨大的发展潜力。随着全球信息技术的不断发展和应用场景的不断拓展，华为鸿蒙系统有望在更多领域得到广泛应用。同时，华为公司还在不断推进系统的优化和创新，未来还将推出更加完善、更加智能的操作系统版本。

2.2 Windows 10 的基本元素和基本操作

Windows 10 和以前版本的 Windows 系统相比，基本元素仍由桌面、窗口、对话框和菜单等组成，但对于某些基本元素的组合做了精细、完美与人性化的调整，整个界面发生了较大的变化，更加友好和易用，使用户操作起来更加方便和快捷。

2.2.1 Windows 10 的启动与关闭

1.Windows 10 的启动

安装了 Windows 10 操作系统的计算机，打开计算机电源开关即可启动 Windows 10。如果用户在安装 Windows 10 时设置了口令，则在启动过程中将出现口令对话框，用户只有输入正确的口令方可进入 Windows 10 系统，如图 2-1 所示。

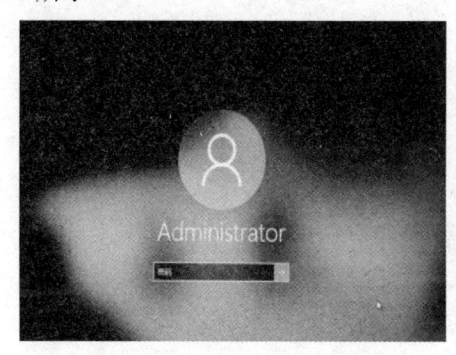

图 2-1　Windows 10 登录界面　　图 2-2　Windows 10 "关机" 选项

2.睡眠、关机、重启 Windows 10

①单击"开始"按钮，在弹出的菜单中选择"电源"图标，可打开如图 2-2 所示的"关机"选项。

"睡眠"是一种节能状态，当选择"睡眠"命令后，计算机会立即停止当前操作，将当前运行程序的状态保存在内存中并消耗少量的电能，只要不断电，当再次按下计算机开关时，便可以快速恢复"睡眠"前的工作状态。

在用户单击"关机"命令后，计算机关闭所有打开的程序以及 Windows 10 本身，然后完全关闭计算机。

单击"重启"计算机将关闭当前所有打开的程序以及 Windows 10 操作系统，然后自动重新启动计算机并进入 Windows 10 操作系统。

②按下 Alt+F4 组合键，在弹出的对话框中单击下拉列表框，如图 2-3 所

示，选择所需选项并单击"确定"按钮即可完成相应操作。

在选择"切换用户"选项后，单击"确定"按钮，计算机会关闭所有当前正在运行的程序，但不会关闭，其他用户可以登录而无须重新启动计算机。

注销的操作和切换用户的操作类似。

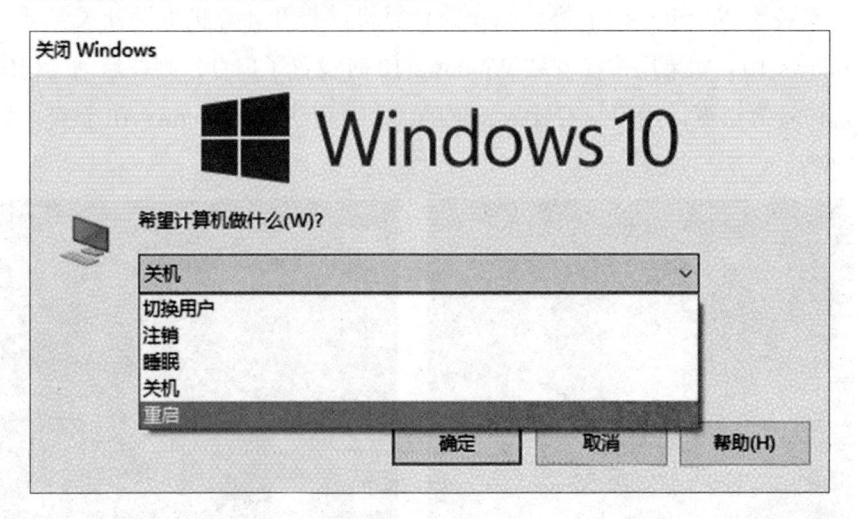

图 2-3　Windows 10 "关闭 Windows" 对话框

2.2.2　Windows 10 的界面组成

1. 桌面

桌面是指 Windows 10 屏幕的背景，就像是办公桌的桌面。桌面上摆放了文档、记事本等办公工具，每个工具都具有不同的功能。

当用户登录成功后，屏幕将显示 Windows 10 的桌面。Windows 10 的桌面主要由"此电脑""网络""回收站""任务栏"和"时钟"等组成。Windows 10 的桌面上也可以放置一些其他应用程序，用户可以根据自己的需要，将一些经常使用的应用程序的图标放置在桌面上。

2.桌面图标

图标是代表 Windows 10 各个应用程序对象的图形。双击应用程序图标可启动一个应用程序,打开一个应用程序窗口。用户可以把一些常用的应用程序和文件夹所对应的图标添加到桌面上。

3.任务栏

任务栏是位于桌面最下方的小长条,主要由"开始"菜单、快速启动区、应用程序区、托盘区和"显示桌面"按钮组成。

从"开始"菜单可以打开大部分安装的软件与控制面板;应用程序区是多任务工作时存放正在运行程序的最小化窗口;托盘区则是通过各种小图标,形象地显示计算机软硬件的重要信息,主要有时钟、音量控制器、杀毒软件等相应的小图标。

4."开始"菜单

桌面左下角的"开始"菜单是运行程序的入口,用户的一切工作都可以从这里开始,如图 2-4 所示。"开始"菜单的主要组成如下:

图 2-4　Windows 10 "开始"菜单

①所有程序区。集合了计算机中所有的程序,用户可以从"程序"菜单中

进行选择，单击菜单中的某一项，即可启动相应的应用程序。

②常用功能区。列出了"开始"菜单中的一些常用的选项，单击可以快速打开相应的窗口，并且开关机按钮也被集成到了此区域，单击最下方的按钮即可实现切换用户、注销、锁定、重新启动和睡眠等功能。

③磁贴区。用户可以根据需求把常用的软件和功能固定在此区域，实现快速启动或打开的操作。此区域图标的摆放方式支持自定义，用户可以根据自己的需求，打造更具个性化的"开始"菜单。

在 Windows 10 中，程序按照首字母的方式排序，用户可以单击所有程序区中的首字母快速查找所需程序。此外，Windows 7 "开始"菜单中的搜索功能在 Windows 10 中已被放置在了系统桌面的任务栏中。

2.2.3 窗口的组成与操作

在 Windows 10 操作系统中，窗口一般分为系统窗口和程序窗口。二者功能上虽有差别，但组成部分基本相同。

1. 窗口的组成

窗口主要包括以下组成部分：

①快速访问工具栏。快速访问工具栏位于窗口左上方，由若干个工具按钮组成，若想增加或删除工具按钮，可单击最右侧的按钮，当出现下拉菜单后，从中进行选择即可。

②"最小化""最大化"和"关闭"按钮。"最小化"按钮位于窗口的右上角，单击此按钮，可将相应的窗口缩成图标形式，并显示在任务栏中。"最大化"按钮和"关闭"按钮与其相邻。

③选项卡与功能区。选项卡位于标题栏下方，若干个选项卡的名字排成一行，每个选项卡上包含若干个命令按钮。若单击某个选项卡，则会在下面出现该选项卡对应的功能区，功能区中显示出该选项卡的所有命令按钮。若单击某

个命令按钮,就会执行对应的命令。

④搜索框。搜索框与"开始"菜单中的搜索框在用法上相同,都具有在计算机中搜索文件和程序的功能。

⑤边框和滚动条。边框是指窗口四周的 4 条边,用鼠标拖动边框,可放大或缩小窗口。如果一个窗口中的内容在窗口中不能完全显示,窗口的右边和下边将显示相应的垂直和水平滚动条,通过拖动滚动条可以将不能显示的内容显示出来。

⑥地址栏。地址栏显示当前打开的文件夹的路径。每个路径都由不同的按钮连接而成,单击这些按钮,就可以在相应的文件夹之间进行切换。

⑦窗口工作区。窗口工作区占据窗口的大部分面积,用于显示当前窗口的内容或执行某项操作后的内容。

⑧导航窗格。导航窗格位于窗口工作区的左边,用户可以浏览系统结构的更多内容,方便用户进行切换。通过导航窗格,用户可以打开或者关闭不同类型的窗格内容,通过细节窗格可以获知窗口的细节信息。

2.窗口的操作

窗口的操作包括以下几种:

①移动窗口。移动窗口就是将窗口从屏幕上的一个位置移到另一个位置。但要注意,窗口处于最大化或最小化状态时,不能移动。具体操作:先将光标移到窗口的标题栏内,然后拖动即可移动窗口的位置。

②窗口的最大化。若是应用程序窗口最大化,其窗口将充满整个屏幕;若是文档窗口最大化,其窗口将充满包含此文档窗口的应用程序的窗口工作区。具体操作是单击窗口右上角的"最大化"按钮。

③窗口的最小化。窗口的最小化是把应用程序的窗口缩小至一个图标。具体操作是单击窗口右上角的"最小化"按钮。

④还原窗口。在已经最大化的窗口中,原来的"最大化"按钮变成了"还原"按钮,可以单击此按钮使窗口恢复至操作前的状态。

⑤改变窗口大小。具体操作如下:将鼠标指向要改变窗口的边框或窗口角,

此时鼠标的光标会变成双箭头光标,然后进行拖动,使窗口变为所需要的大小,最后释放鼠标。

⑥关闭窗口。关闭应用程序窗口就是退出应用程序,关闭文档窗口就是关闭文档。具体操作是单击窗口右上角的"关闭"按钮或按 Alt＋F4 快捷键即可。

2.2.4 对话框的组成与操作

对话框也是一个窗口,它是供用户输入和选择命令的窗口。系统也可以通过对话框向用户提供一些提示或警告信息。在用户操作系统的过程中,多种情况下都会出现对话框。如图 2-5 和图 2-6 所示分别为"性能选项"对话框和"屏幕保护程序设置"对话框。

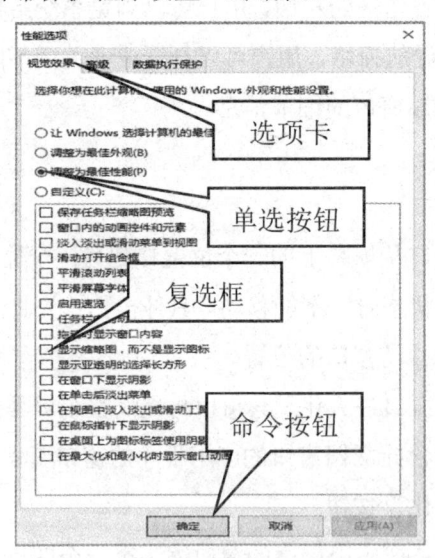

图 2-5 "性能选项"对话框　　图 2-6 "屏幕保护程序设置"对话框

1.对话框的组成

对话框通常包含下列对象:列表框、复选框、单选按钮、数值框、命令按钮、选项卡和下拉列表框等。

2.对话框的操作

下面介绍对话框中各对象的操作方法：

①列表框：列表框显示可供用户选择的选项，当选项过多而列表框无法显示时，可使用列表框的滚动条进行查看和选择。

②复选框：复选框一般位于选项的左边，用于确定某选项是否被选定。若该项被选定，则用"√"符号表示，否则是空白的。单击复选框即可选中此复选框，再单击一下则取消选中。

③单选按钮：单选按钮是一组互相排斥的功能选项，每次只能选中一项，被选中的标志是选项前面的圆圈中会显示一个黑点。若要选中某个单选按钮，只需单击它即可，再次单击则会取消选中。

④数值框：当用户要改变数字时，通过单击数值框中的上箭头或下箭头按钮，可以增大或减小输入值，也可以在数字框中直接输入数值。

⑤命令按钮：命令按钮代表一个可立即执行的命令，一般位于对话框的右方或下方。当单击命令按钮时，就立即执行相应的功能。例如，"确定""取消"和"应用"等都是命令按钮。若在命令按钮后面带有省略号，则表示单击此按钮后可打开另一个对话框。

⑥选项卡：对于设置内容较多的对话框，通常通过选项卡来设置内容。单击选项卡上的某一选项，便可打开此选项。

⑦下拉列表框：下拉列表框和列表框一样，都含有一系列可供选择的选项，不同的是下拉列表框最初看起来像一个普通的矩形框，只显示了当前的选项，只有在单击后才能看到所有的选项。用户在单击下拉列表框右侧的向下箭头后，通过单击即可在下拉列表中选择相应的选项。

2.2.5 菜单的组成、类型与操作

菜单是 Windows 10 操作系统窗口的重要组成部分，是一个应用程序的所有命令的分类组合。几乎所有的应用程序窗口都包含"文件""编辑"和"格式"等菜单。用户可以通过执行菜单命令完成想要做的任务。

1. 菜单的组成

菜单由一个菜单栏和一个或一个以上的菜单项组成。菜单栏是一个含有应用程序菜单项的水平的条形区域，它位于标题栏的下方。菜单栏中的每个菜单项都对应一组菜单命令，图 2-7 所示为"记事本"程序中"文件"菜单的各项命令。

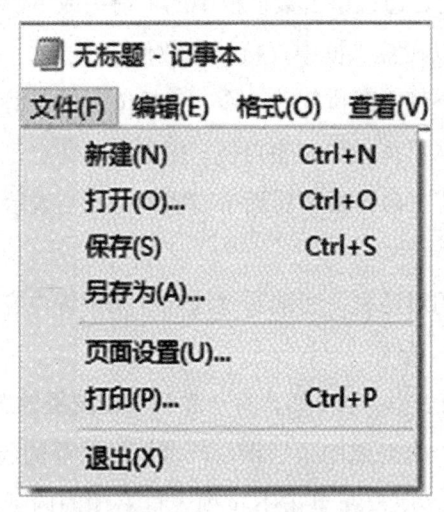

图 2-7 "文件"菜单　　图 2-8 右击桌面空白区域的快捷菜单

2. 菜单的类型

Windows 10 操作系统的菜单主要有以下 4 种类型：

①下拉式菜单：下拉式菜单是目前应用程序中最常用的菜单类型。

②弹出式菜单：弹出式菜单是附在某一菜单项右边的子菜单。

③快捷菜单：在 Windows 10 操作系统中，右键单击某一个对象后，一般

可以弹出一个菜单,此菜单称为快捷菜单。快捷菜单中列出了所选目标在当前状态下可以进行的所有操作,如图 2-8 所示。

④级联菜单:有的菜单命令右侧有个实心三角符号,这个符号表示该菜单项还有下一级菜单,通常称为级联菜单。

3.菜单的操作

在 Windows 10 操作系统中,所有的菜单操作都可以通过两种途径实现:鼠标和键盘。菜单操作包括:选择菜单和关闭菜单。

①选择菜单:单击菜单项,打开菜单,然后单击可使用的菜单命令。

②关闭菜单:单击菜单以外的任何位置,即可关闭该菜单。

2.2.6 工具栏的操作

Windows 10 操作系统中的应用程序一般都有工具栏,可以通过单击其上的按钮,对其进行操作。例如,Word 的工具栏如图 2-9 所示。

图 2-9 Word 的工具栏

2.3 Windows 10 对文件的管理

在计算机系统中，所有的程序和数据都是以文件的形式存放在计算机的外存储器中。一个计算机系统中所存储的文件数量十分庞大，为了提高应用与操作的效率，必须对这些文件和文件夹进行适当管理。

Windows 10 操作系统中的"文件资源管理器"可用于管理文件和文件夹，它不但可以显示文件夹的结构和文件的详细信息，并实现打开文件、查找文件、复制文件等操作，还可以访问库文件等，也可以对硬盘中的文件或文件夹进行操作。

2.3.1 文件和文件夹

文件是有名称的一组相关信息的集合，是计算机系统中数据组织的基本存储单位。

1.文件

（1）文件的命名

文件名由主文件名和扩展名组成，主文件名和扩展名之间有一个"．"字符分隔。扩展名一般由系统自动给出，用来标明文件的类型和创建此文件的应用软件。系统给定的扩展名不能随意改动，否则系统将不能识别该文件。

文件的命名遵循以下规则：

①文件名的总长度最长为 255 个字符，其中可以包含空格。

②文件名可以使用汉字、英语字母、数字，以及一些标点符号和特殊符号。

③同一文件夹中的文件不能重名。

④可以使用多个分隔符"．"，最后一个分隔符后面的部分为扩展名。

（2）文件的类型

文件有若干种类型，每种类型有不同的扩展名。文件的类型可以是应用程序、文本、声音、图像等。常见的文件类型有：程序文件（其扩展名为".com"".exe"或".bat"等）、文本文件（其扩展名为".txt"）、声音文件（其扩展名为".wav"".mp3"等）、图像文件（其扩展名为".bmp"".jpeg"等）。

（3）文件的属性

每一个文件都有一定的属性，不同文件类型的"属性"对话框中的信息各不相同。文件的"属性"对话框一般包括：文件类型、位置、大小、占用空间、修改和创建时间等。

2.文件夹

为了便于对文件进行管理，将文件进行分类组织，并把有着某种联系的一组文件存放在磁盘中的一个文件项目下，这个项目被称为文件夹或目录。

"库"是 Windows 10 操作系统引入的一个新概念，把各种资源归类并显示在不同的库文件夹中，可使管理和使用文件变得更轻松。库可以将需要的文件和文件夹集中到一起，就如同网页收藏夹，只要单击库中的链接，就能快速打开添加到库中的文件夹。另外，链接会随着原始文件夹的变化而自动更新，并且可以同名存在于库中。

3.路径

文件可以存放在不同磁盘（或光盘）的不同文件夹中。因此，当用户要访问某个文件时，除了要知道文件名，一般还需要知道该文件所在的位置，即文件放在哪个磁盘的哪个文件夹下。所谓路径，是指文件的存储位置。路径中可含有多个文件夹，文件夹之间用分隔符"\"分开。

路径的表达格式为：<盘符>\<文件夹名>\……\<文件夹名>\<文件名>。

如果在"文件资源管理器"的地址栏中输入要查询的文件（文件夹）或对象所在的地址，如输入 D:\Program\word，按 Enter 键后，系统即可显示该文件夹的内容。

2.3.2 文件资源管理器

文件资源管理器是 Windows 系统提供的用于管理文件和文件夹的工具。通过它用户可以查看计算机中的所有资源，能够清晰、直观地对计算机中的文件和文件夹进行管理。

Windows 10 操作系统提供了很多途径来启动文件资源管理器，如打开文件夹，或者在"开始"按钮上右击，并选择"文件资源管理器"命令。例如，双击桌面的"此电脑"图标，可打开如图 2-10 所示的文件资源管理器窗口。

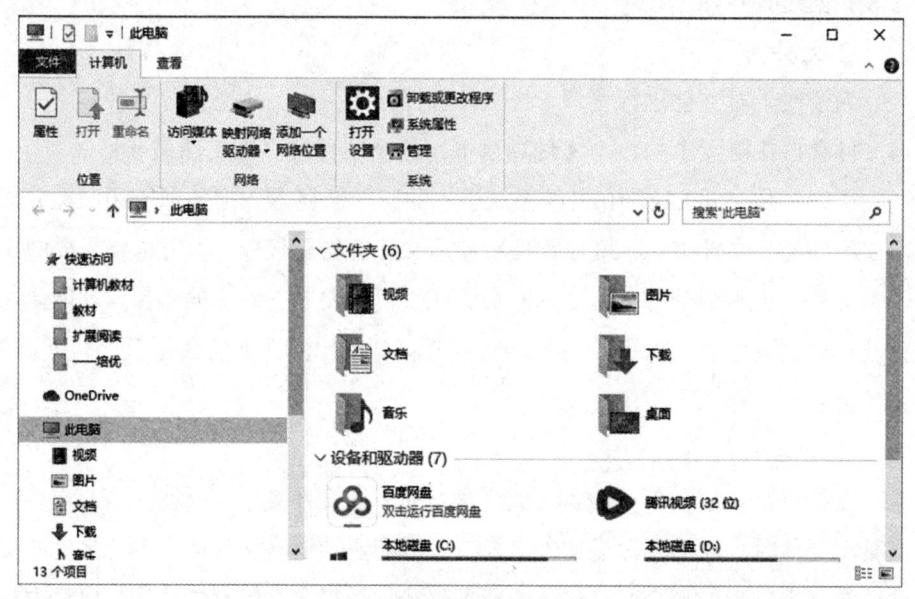

图 2-10　文件资源管理器窗口

文件资源管理器包含列表区、地址栏、搜索栏、选项卡和功能区、文件预览面板等，这使得用户对文件和文件夹的管理变得更加方便，免去了在多个文件夹窗口之间来回切换的操作。

1. 列表区

列表区位于文件资源管理器左侧，有快速访问、此电脑等图标。用户通过

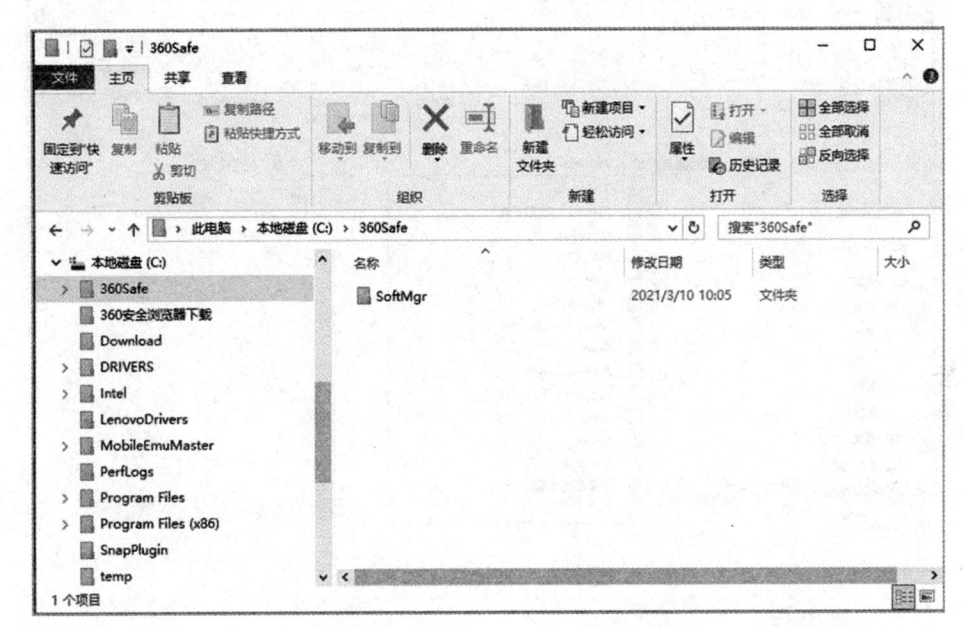

单击列表区中的图标，可查看对应的资源，如图 2-11 所示。

图 2-11　查看 C:\360Safe 文件夹

若驱动器或文件夹前面有右箭头，则表明该驱动器或文件夹有下一级文件夹，单击箭头可展开其所包含的子文件夹。当展开驱动器或文件后，右箭头会变成向下的箭头，表明该驱动器或文件夹已展开，单击下箭头，可以折叠已开展的内容。

2.地址栏

地址栏中显示当前打开的文件夹的路径，如果在地址栏文本框中输入一个新的路径，然后按 Enter 键，文件资源管理器就会按输入的路径定位到目标文件夹。地址栏采用了名为"面包屑"的导航功能，用户单击地址栏中路径的某个文件夹名（或盘符名），则会定位到该文件夹（或磁盘）中；单击地址栏右侧的下拉按钮，可以从下拉列表中选择一个新的位置，如图 2-12 所示。

计算机基础与应用

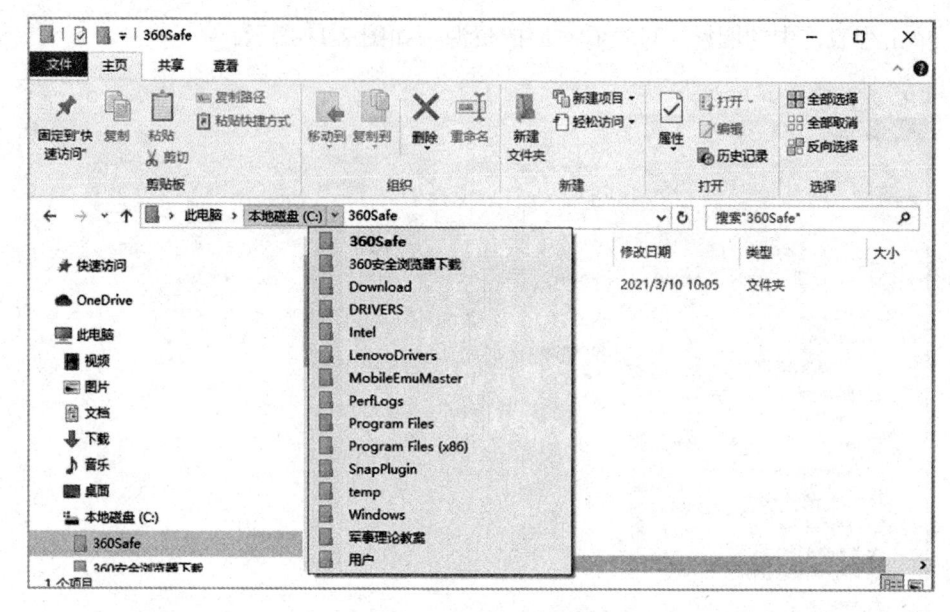

图 2-12 地址栏下拉列表

3. 搜索栏

在地址栏的右侧，可以看到 Windows 10 操作系统无处不在的搜索框。用户在搜索框中输入搜索关键词后按 Enter 键，就可以在资源管理器中得到搜索结果。这样不仅搜索速度快，而且搜索过程的界面表现也很清晰明了，显示了搜索进度条、搜索结果等内容。

4. 选项卡和功能区

Windows 10 操作系统选项卡和功能区中的图标并非一成不变的，而是会根据当前窗口的状态有所变化，但都包含文件、主页、共享、查看这 4 个选项卡。"主页"选项卡的功能区包含了 5 组命令：剪贴板、组织、新建、打开、选择，如图 2-12 所示。"查看"选项卡的功能区包含了 4 组命令：窗格、布局、当前视图、显示/隐藏，如图 2-13 所示。

第 2 章　Windows 10 操作系统

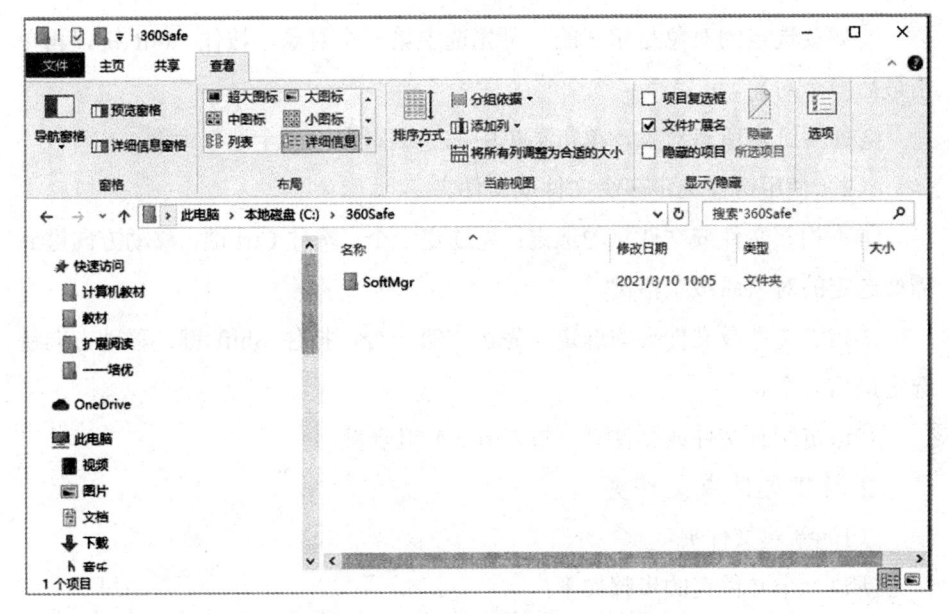

图 2-13　"查看"选项卡的功能区

5.文件预览面板

Windows 10 操作系统提供了预览功能，不仅可以预览图片，还可以预览文本、Word 文件、字体文件等。预览功能可以方便用户快速了解文件的内容，用户可以通过单击"查看"选项卡→"窗格"→"预览窗格"命令来打开或关闭文件预览。

2.3.3　文件和文件夹操作

1.选定文件或文件夹

用户若要选定单个文件或文件夹，只需用鼠标单击该文件或者文件夹；若要选定多个文件或文件夹，可以使用以下方法：

（1）使用鼠标选定多个文件或文件夹

①在选定对象时，先按住 Ctrl 键，然后逐一选择文件或文件夹。

55

②如要选定的对象是相邻的，可先选中第一个对象，按住 Shift 键，再单击最后一个对象。

③如要选定所有对象，单击菜单中的"编辑"→"全选"命令。

（2）使用键盘选定多个文件或文件夹

①不相邻文件或文件夹的选定：先选定一个，按住 Ctrl 键，移动方向键到需要选定的对象后按空格键。

②相邻文件或文件夹的选定：先选定第一个，按住 Shift 键，移动方向键选定最后一个。

③选定所有文件或文件夹：按 Ctrl＋A 组合键。

2.新建文件或文件夹

（1）新建文件夹

新建一个文件夹的步骤如下：

①打开文件资源管理器窗口，选定新文件夹所在的位置（桌面、驱动器或某个文件夹）。

②在右侧窗格内容列表的空白处右击鼠标，在弹出的快捷菜单中选择"新建"→"文件夹"命令；或者单击"主页"选项卡的"新建文件夹"按钮也可以创建一个新文件夹。

③输入新文件夹的名称，按 Enter 键或用鼠标单击屏幕的其他地方。

（2）新建空白文档

新建一个空白文档的步骤如下：

①打开文件资源管理器窗口，选定空白文档所在的位置（桌面、驱动器或某个文件夹）。

②在右侧窗格内容列表的空白处右击鼠标，在弹出的快捷菜单中选择"新建"命令，在弹出的级联菜单中选择一种文件类型，如图 2-14 所示；或者单击"主页"选项卡中的"新建项目"按钮，在展开的下拉菜单中选择要创建的文件类型，如图 2-15 所示。

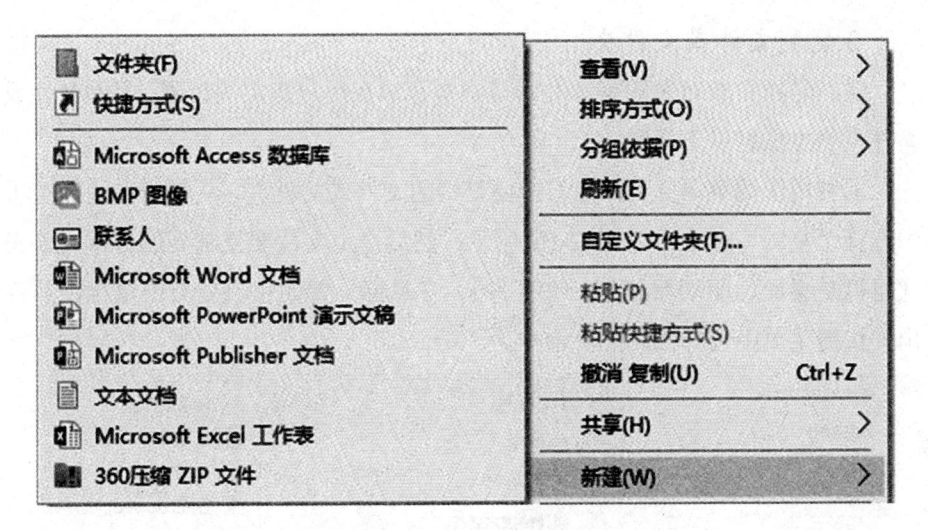

第 2 章　Windows 10 操作系统

图 2-14　"新建"级联菜单

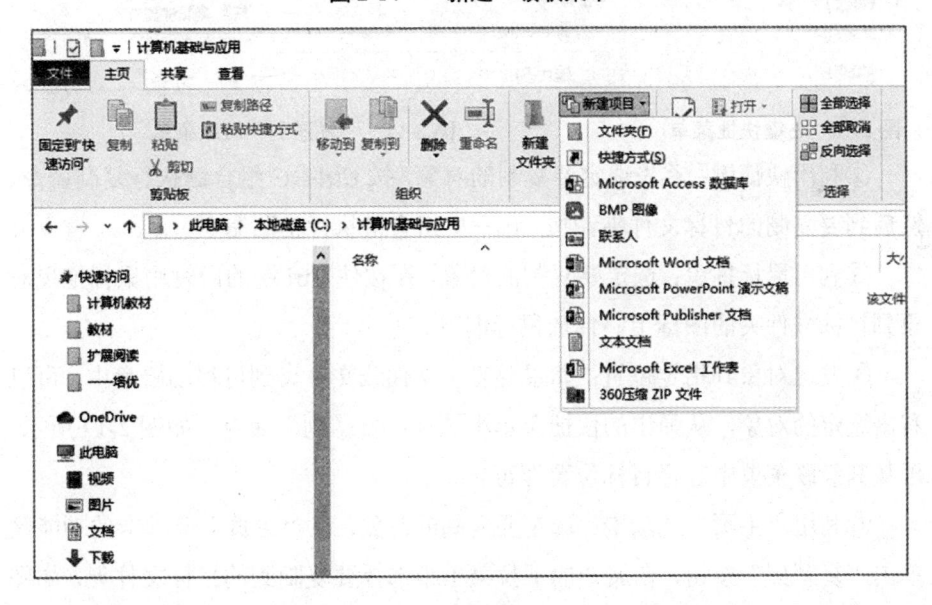

图 2-15　新建空白文档

③单击一个文件类型,在右侧窗格中会出现一个带临时文件名的文件;然后输入新空白文档的名称,按 Enter 键或用鼠标单击屏幕的其他地方,即可创建一个该类型的空白文档。

3.复制文件或文件夹

复制是指生成对象的副本并将该副本存储在用户指定的位置。复制文件或文件夹的方法有以下几种：

①利用快捷菜单：用鼠标右击要复制的文件或文件夹，从弹出的快捷菜单中选择"复制"命令，如图 2-16 所示；然后选定文件要复制到的目标文件夹（可以是桌面、驱动器或某一文件夹），在目标位置的空白处右击鼠标，从弹出的快捷菜单中选择"粘贴"命令。

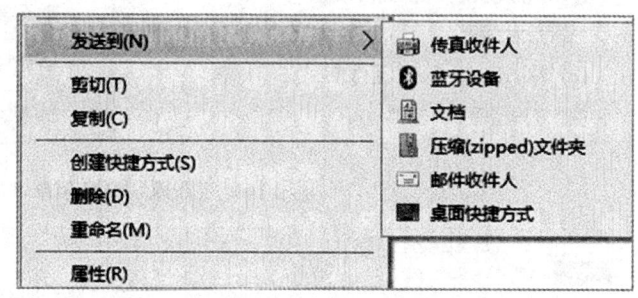

图 2-16 右键快捷菜单　　　　图 2-17 "发送到"级联菜单

②利用快捷键：首先选定要复制的对象，按 Ctrl+C 组合键执行复制命令，然后到要复制的目标文件夹，按 Ctrl+V 组合键执行粘贴命令。

③利用鼠标拖曳：选定要复制的对象，在按住 Ctrl 键的同时用鼠标拖曳对象到目标文件夹的图标上，释放鼠标即可。

④发送对象到指定位置：如果要复制文件或文件夹到可移动磁盘中，可以右击选定的对象，从弹出的快捷菜单中选择"发送到"命令，如图 2-17 所示，再从其级联菜单中选择目标位置即可。

⑤利用"主页"选项卡：选定要复制的对象，在"主页"选项卡的功能区单击"复制到"按钮，在展开的下拉菜单中选择要复制到的目标文件夹，如图 2-18 所示。如果选择"选择位置…"选项，则打开"复制项目"对话框，在对话框中选择要复制到的目标文件夹，然后单击"复制"按钮。

图 2-18 "复制到"按钮

4.移动文件或文件夹

移动是指将对象从原来的位置移动到一个新的位置。移动文件或文件夹的方法有几种：

①利用快捷菜单：用鼠标右击要移动的文件或文件夹，从弹出的快捷菜单中选择"剪切"命令（执行剪切命令后，文件或文件夹图标呈现半透明）。然后选定目标文件夹（可以是桌面、驱动器或某一文件夹），在目标位置的空白处右击鼠标，从弹出的快捷菜单中选择"粘贴"命令。

②利用"主页"选项卡：选定要移动的对象，在"主页"选项卡的功能区单击"移动到"按钮，在展开的下拉菜单中选择要移动到的目标文件夹。如果选择"选择位置..."选项，则打开"移动项目"对话框，在对话框中选择要移动到的目标文件夹，然后单击"移动"按钮。

③利用快捷键：选定要移动的对象，按"Ctrl+X"组合键执行剪切命令，然后到选定的目标文件夹，按"Ctrl+V"组合键执行粘贴命令。

④利用鼠标拖曳：选定要移动的对象，在按住 Shift 键的同时用鼠标拖曳对象到目标文件夹的图标上，释放鼠标即可。如果在同一驱动器内移动文件或文件夹，则直接拖动选定的对象到目标文件夹的图标上，释放鼠标即可。

5.重命名文件或文件夹

重命名文件或文件夹的操作步骤如下：

第一，选择要重命名的文件或文件夹。

第二，单击"主页"选项卡中的"重命名"按钮；或用鼠标右击需要选择的文件，在弹出的快捷菜单中选择"重命名"命令；或按 F2 键使文件名处于编辑状态。在输入新的名称后，按 Enter 键确认。

注意：如果文件正在被使用，则系统不允许更改该文件的名称。同理，如果要重命名某个文件夹，该文件夹中的任何文件都应该处于关闭状态。

如果对文件重命名时输入新名称的扩展名与文件原来的扩展名不同，系统会弹出如图 2-19 所示的警告框，单击"是"按钮则强制改为输入的扩展名，单击"否"按钮则输入的新文件名无效。

图 2-19　"重命名"警告框

6.删除文件或文件夹

删除文件或文件夹的操作步骤如下：

第一，选定需要删除的文件或文件夹。

第二，单击"主页"选项卡中的"删除"按钮，或者按 Delete 键，可以把删除的文件放到"回收站"。

注意：这里的删除并没有把该文件真正从硬盘中抹除，它只是将文件移到了"回收站"中，这种删除是可恢复的。如果在执行上述删除操作的同时按住 Shift 键，则对象被永久删除，无法再从"回收站"中恢复。若将某个文件夹删除，则该文件夹下的所有文件和子文件夹将同时被删除。

7. "回收站"及其操作

当用户由于误操作而将有用的文件删除时，可以利用"回收站"来进行恢复。在默认情况下，删除操作只是逻辑上删除了文件或文件夹，物理上这些文件或文件夹仍然保留在磁盘上，只是被临时存放到"回收站"中。在桌面上双击"回收站"图标，可打开"回收站"窗口，可显示出被删除的文件和文件夹。

在"回收站"窗口中，如果要还原某个文件或文件夹，其操作为：右击需要还原的文件或文件夹，在弹出的快捷菜单中选择"还原"命令，如图 2-20 所示，被还原的文件或文件夹就会出现在原来的位置。如果在快捷菜单中选择"删除"命令，则会永久删除该文件或文件夹。

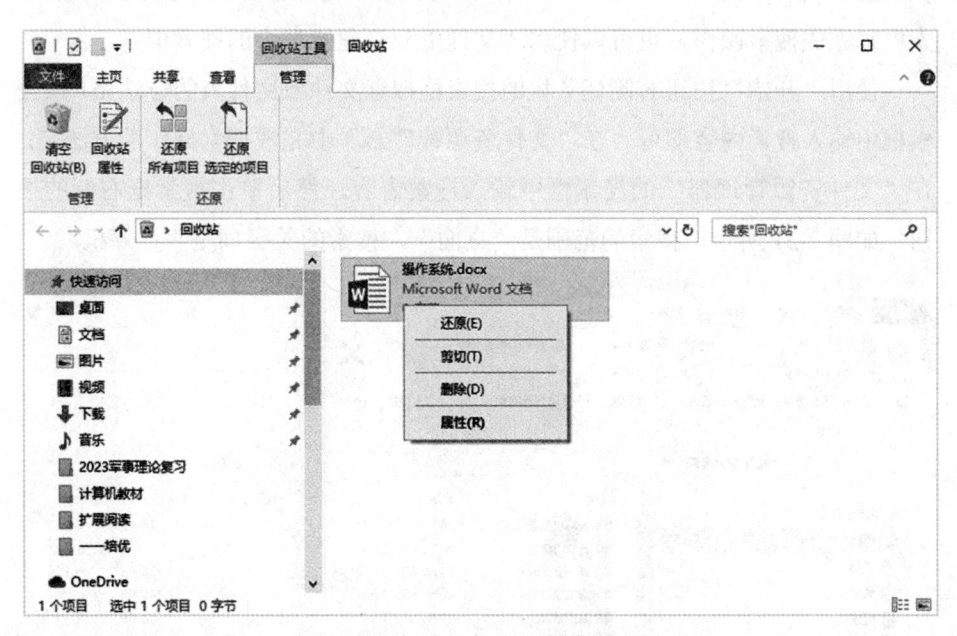

图 2-20 "回收站"快捷菜单

存放在"回收站"中的文件和文件夹仍然占用磁盘空间，只有清空"回收站"，才可以真正从磁盘中删除这些文件或文件夹，释放"回收站"中被占用的磁盘空间。如果需要一次性地永久删除"回收站"中所有的文件和文件夹，可执行"回收站"工具栏中的"清空回收站"命令。

"回收站"是 Windows 系统在硬盘上预留的一块存储空间，用于临时存放被删除的对象。这块空间的大小是由系统提前指定的，一般占驱动器总容量的10%。要改变"回收站"存储空间的大小，可以在桌面上右击"回收站"图标，在弹出快捷菜单中选择"属性"命令，打开"回收站属性"对话框。在对话框中，用户可以根据需要设置"回收站"的大小，在设置完毕后，单击"确定"按钮。

8.搜索文件或文件夹

用户如果忘记了文件保存的位置，可以使用搜索功能搜索文件。用户要想快速搜索到所需要的某个文件或文件夹，可使用"开始"按钮右侧任务栏的搜索框来完成搜索操作，也可以使用"文件资源管理器"中的搜索框。

使用"开始"按钮右侧任务栏的搜索框搜索文件或文件夹的方法是：在搜索框中输入搜索内容即可。在"文件资源管理器"中完成搜索操作的方法是：在"文件资源管理器"的搜索框中输入搜索内容，然后单击搜索框右侧的按钮。如图2-21所示，搜索的范围是"桌面"，搜索的关键词是"计算机"。

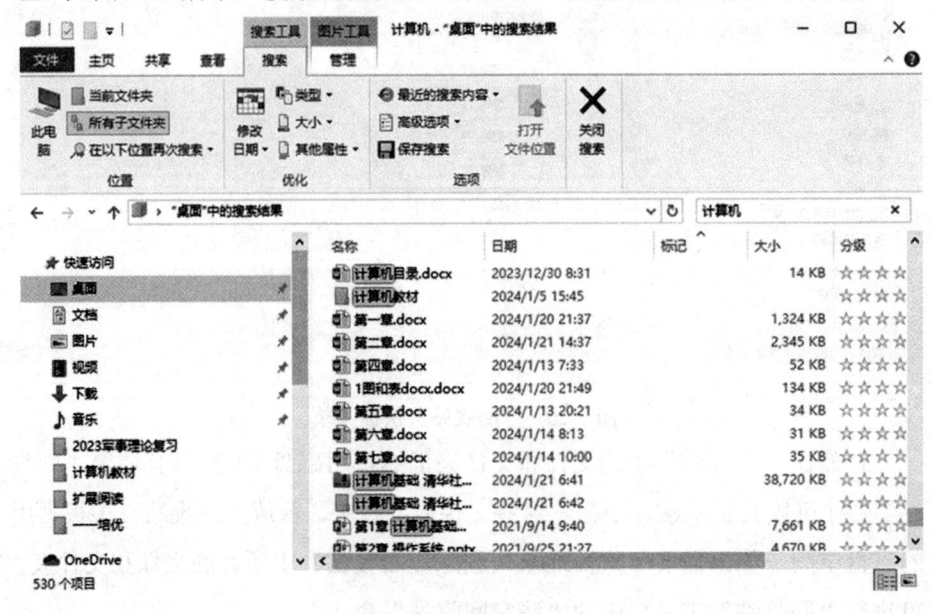

图2-21 搜索结果

在搜索时，如果记不清完整的文件名，可以使用"?"通配符代替文件名中的一个字符，使用"*"通配符代替文件名中的任意字符；也可以输入待搜索文件中存在的部分内容和关键词。

9.文件或文件夹的属性

通过查看文件或文件夹的属性，可以了解文件或文件夹的大小、位置和创建时间等信息。在 Windows 系统中，文件或文件夹的属性还包括只读、隐藏和存档。这些属性的说明如下：

①只读：表示只能查看文件或文件夹的内容，不能修改、保存，以防文件或文件夹被改动。

②存档：表示文件或文件夹是否已备份。某些程序用此选项来确定哪些文件需做备份。

③隐藏：表示文件或文件夹不可见。通常为了保护某些文件或文件夹不被轻易修改或复制才将其设为"隐藏"。

查看和修改某文件或文件夹的属性的操作为：选定该文件或文件夹，选择"文件"菜单中的"属性"命令或快捷菜单中的"属性"命令，打开属性对话框，勾选相应的属性复选框即可。如果属性对话框的"常规"选项卡中显示"高级"按钮，可以单击"高级"按钮进行其他属性的设置。

2.4 Windows 10 对应用程序的管理

Windows 10 操作系统是一个多任务的操作系统，用户可以同时启动多个应用程序，打开多个窗口。但这些窗口中只有一个是活动窗口，它在前台运行，而其他窗口都在后台运行。Windows 10 操作系统对应用程序的管理包括：启动应用程序、切换应用程序窗口、排列应用程序窗口、使用滚动条查看窗口中的内容、退出程序、使用 Windows 任务管理器强制结束任务、使用快捷菜单执行命令、创建应用程序的快捷方式、剪贴板及其使用等。

2.4.1 安装和卸载应用程序

1.添加新程序

当用户需要安装新的应用程序时，首先将安装文件复制到硬盘（或优盘）中，接着运行该程序自带的安装程序（Setup.exe 或 Install.exe），然后用户只需按照提示的步骤进行，完成程序的安装。

2.更改或删除程序

有些应用程序本身具有卸载功能，单击"开始"按钮，打开"开始"菜单，单击打开应用程序的文件夹，就会在它的子菜单中看到"卸载***"的命令；单击该命令，然后按照提示逐步进行，就可以将程序卸载。

有些程序没有在对应的菜单中提供卸载功能，此时用户可使用 Windows 10 操作系统提供的删除程序的功能进行卸载，操作步骤如下：

第一，单击"开始"按钮，打开"开始"菜单；单击"设置"按钮，打开"Windows 设置"窗口；单击"应用"图标，打开"应用和功能"窗口；在右侧列表中选中要删除或更改的程序，如图 2-22 所示，然后单击"卸载"按钮。

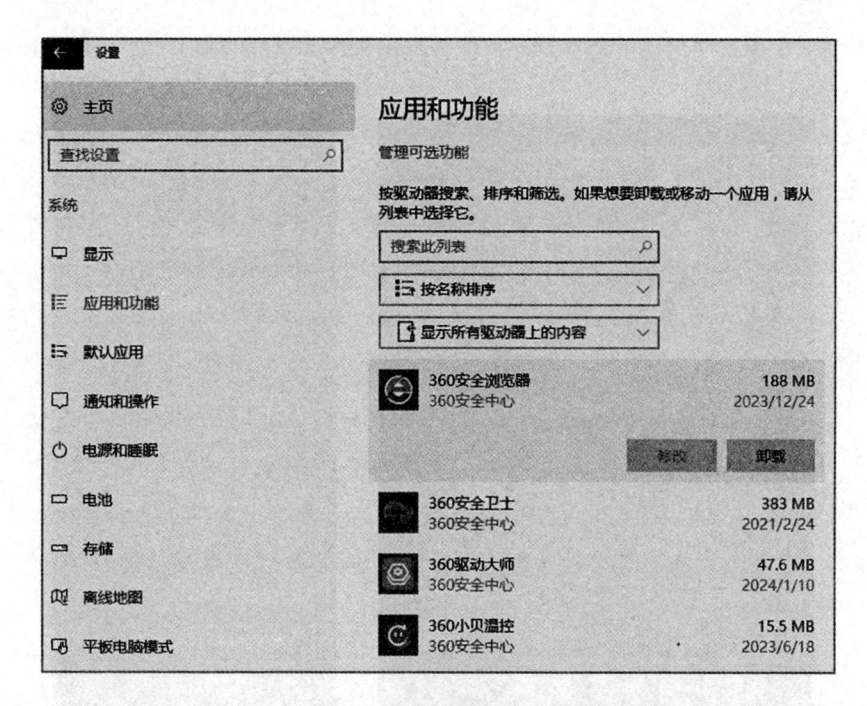

图 2-22 "应用和功能"窗口

第二,系统会弹出确认对话框,询问用户是否卸载该程序;单击"卸载"按钮,系统便启动应用程序删除过程;然后按照所要删除的程序的提示进行,就可以将该程序卸载。

2.4.2 启动应用程序

Windows 10 操作系统提供了多种启动应用程序的方法,最常用的方法有:从"开始"菜单启动应用程序、从桌面启动应用程序、使用"文件资源管理器"启动应用程序、从"此电脑"启动应用程序、从控制台启动应用程序等。

1. 从"开始"菜单启动应用程序

从"开始"菜单启动应用程序的具体操作如下:

第一,单击"开始"按钮,打开"开始"菜单。

计算机基础与应用

第二，单击要启动的程序项（可能会弹出程序的级联菜单），如图 2-23 所示。

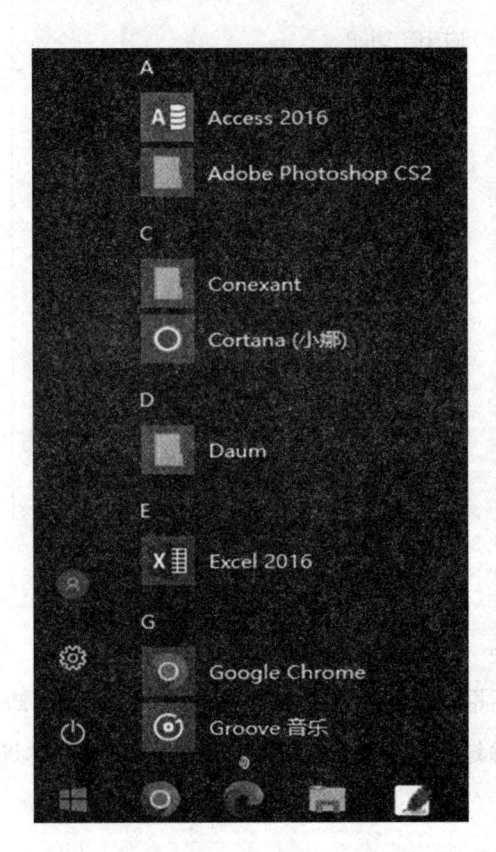

图 2-23 从"开始"菜单启动应用程序　　图 2-24 选择"文件资源管理器"命令

第三，在程序的菜单中选择要启动的应用程序选项，单击它即可。

2.从桌面启动应用程序

在 Windows 10 操作系统的桌面上，有许多可执行的应用程序图标。有一些图标是 Windows 系统自建的，还有一些是用户创建的。双击某个应用程序图标，即可启动该应用程序。

3.使用"文件资源管理器"启动应用程序

使用"文件资源管理器"启动应用程序的具体操作如下：

第一，右击任务栏中的"开始"按钮，会出现"文件资源管理器"命令，如图 2-24 所示。

第二，选择"文件资源管理器"命令，打开"文件资源管理器"窗口。

第三，在文件资源管理器中双击要运行程序的文件名，即可运行该程序。

4. 从"此电脑"启动应用程序

从"此电脑"启动应用程序的具体操作如下：

第一，双击桌面上的"此电脑"图标，打开"此电脑"窗口。

第二，在"此电脑"窗口中双击文件夹，打开"文件夹"窗口。

第三，找到要运行程序的文件名，然后双击它。

5. 从控制台启动应用程序

控制台是系统提供的一个字符命令界面程序。从控制台启动应用程序的具体操作如下：

第一，单击"开始"按钮。

第二，选择"开始"菜单中的"Windows 系统"子菜单，单击其中的"命令提示符"命令，进入"控制台"程序。

第三，使用 CD 命令可以选择目录，输入需要运行的程序名，然后按 Enter 键。

2.4.3 切换应用程序窗口

Windows 10 操作系统可以同时运行多个程序，每一个程序都有自己单独的窗口。用户可以单独退出某一程序，或在多个程序之间互相切换。

切换应用程序窗口的具体方法有如下 3 种：

1. 用任务栏切换窗口

单击屏幕最下方任务栏上相应的按钮即可切换到相应的应用程序窗口。

2. 用快捷键 Alt+Esc 切换窗口

按住 Alt 键不放，反复按 Esc 键，即可实现应用程序之间的切换。

3.用快捷键 Alt＋Tab 切换窗口

按住 Alt 键不放，反复按 Tab 键，即可在切换程序窗口中选择应用程序图标；选中所要切换到的应用程序图标后，松开 Alt＋Tab 快捷键，此应用程序则被激活。

2.4.4 排列应用程序窗口

当桌面上有多个打开的窗口时，可以使窗口以层叠、堆叠或并排的方式显示，具体操作如下：

第一，右击任务栏的空白处，将会弹出一个快捷菜单。

第二，在快捷菜单中选择"层叠窗口""堆叠显示窗口""并排显示窗口"选项之一。

2.4.5 使用滚动条查看窗口中的内容

当窗口中的内容太多无法全部显示时，窗口的边缘处就会自动出现滚动条。滚动条分为水平滚动条和垂直滚动条两类。

一个滚动条由 3 部分组成：滚动块、滚动框和滚动箭头。

用户可以通过滚动条来控制和调整窗口中显示的内容。下面以垂直滚动条为例，说明滚动条的使用方法。

垂直滚动条的主要操作方法有以下几种：

①将鼠标移到滚动框两端向上（或向下）的滚动箭头上，单击滚动箭头，则窗口里的内容向上（或向下）滚动一行。若按住鼠标左键不放，则窗口里的内容将连续滚动。

②单击滚动框的上面或下面部分，内容将向上或向下滚动一屏。

③将鼠标移到滚动块上按住左键进行拖动，则窗口中的内容也随之向上或向下翻滚。

2.4.6 退出应用程序

Windows 10 操作系统提供了多种退出当前应用程序的方法，基本的退出方法有以下 4 种：
①单击程序窗口右上角的"关闭"按钮。
②选择"文件"菜单下的"退出"命令。
③按 Alt＋F4 快捷键。
④右击任务栏上的应用程序按钮，然后从弹出的快捷菜单中选择"关闭窗口"命令。

2.4.7 使用 Windows 任务管理器强制结束任务

在 Windows10 操作系统同时运行多个程序时，用户可以使用 Windows 任务管理器来强制结束程序，但是如果有数据没有保存，将会丢失这些数据。具体操作步骤如下：

第一，按"Ctrl＋Alt＋Delete"组合键，然后单击"任务管理器"选项，打开"任务管理器"对话框，如图 2-25 所示。

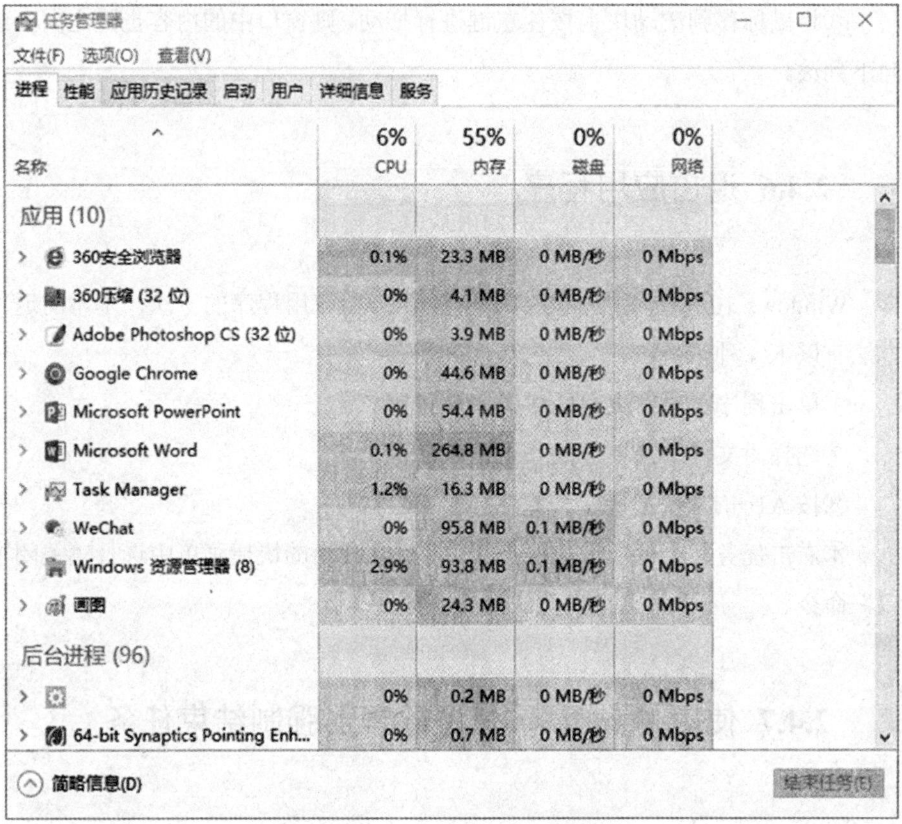

图 2-25 "任务管理器"对话框

第二，打开"进程"选项卡，选中"应用"列表框中要结束任务的应用程序名。

第三，单击"结束任务"按钮，即可将所选程序强制结束。

2.4.8 使用快捷菜单执行命令

当在 Windows 10 操作系统的程序图标上右击时，将显示一个菜单，这个菜单称为快捷菜单。在"文件资源管理器"或"此电脑"中，用户使用快捷菜单可以实现应用程序的"打开""共享""以前的版本""复制"和"发送到"等操作。

例如，若用户要"打开"某个文件或文件夹，可以进行如下操作：

第一，将鼠标指针移到需要执行的文件或文件夹上，右击文件或文件夹。

第二，从弹出的快捷菜单中选择"打开"命令。

2.4.9 创建应用程序的快捷方式

1.Windows 10 操作系统的快捷方式

Windows 10 操作系统的快捷方式是一种对各种系统资源的链接，一般通过某种图标来表示，使用户可以方便、快速地访问有关资源。这些资源包括应用程序、文档、文件夹、驱动器等。

2.快捷方式的属性

快捷方式本身实际上是链接文件，其扩展名为".lnk"。在桌面上右击某个快捷方式图标，在弹出的快捷菜单上选择"属性"命令，屏幕将显示如图 2-26 所示的"属性"对话框。单击"常规"选项卡，可以看到这个快捷方式的文件名、文件类型、创建和修改文件的时间、文件的大小等。单击"快捷方式"选项卡，可以看到文件存放的具体位置等。

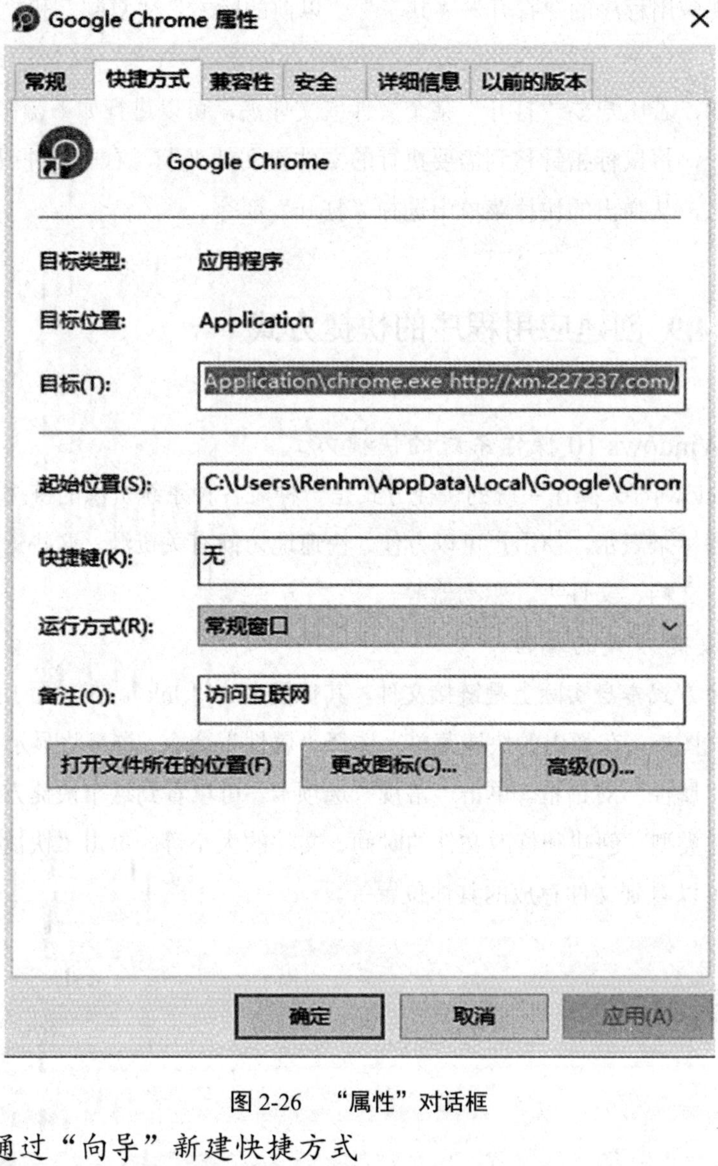

图 2-26 "属性"对话框

3.通过"向导"新建快捷方式

通过"向导"新建快捷方式的步骤如下:

第一,右击桌面的空白位置,弹出一个快捷菜单。

第二,选择"新建"→"快捷方式"命令,打开"创建快捷方式"对话框,如图 2-27 所示。

第三，在"请键入对象的位置（T）："下面的文本框中输入一个确实存在的应用程序名，或通过"浏览"按钮获得应用程序名。

第四，单击"下一步"按钮，在"键入该快捷方式的名称（T）："的文本框中输入该快捷方式的名称。

第五，单击"完成"按钮。

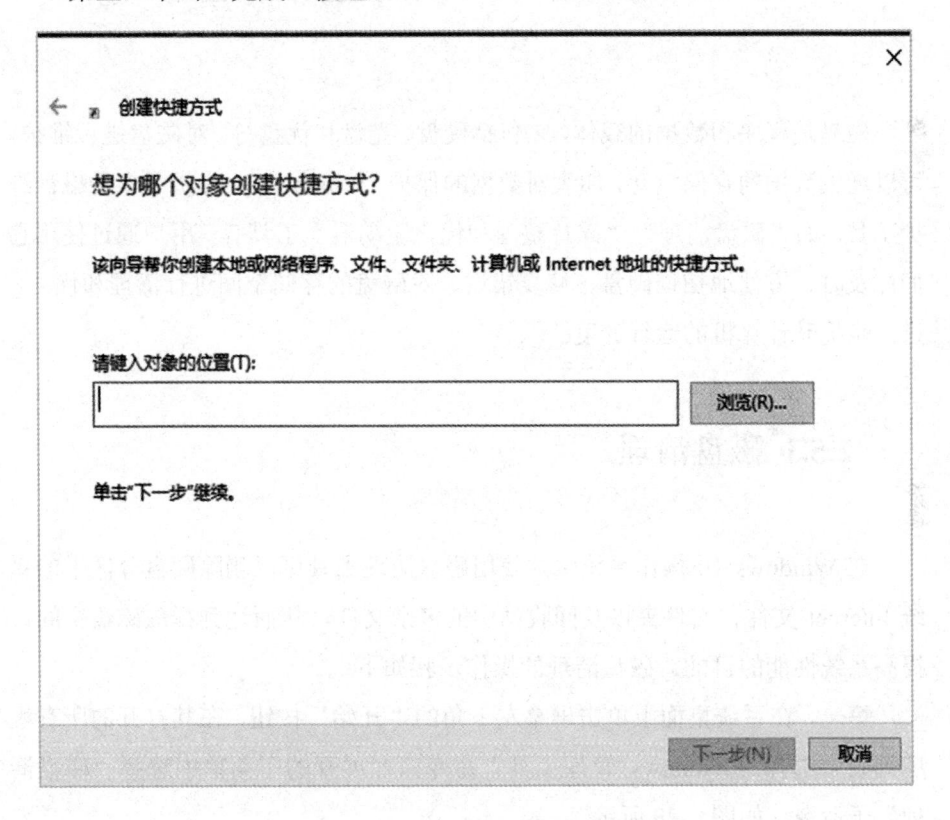

图 2-27 "创建快捷方式"对话框

4.在"文件资源管理器"（或"此电脑"）中创建快捷方式

通过使用"文件资源管理器"（或"此电脑"），也可以创建快捷方式。在"文件资源管理器"（或"此电脑"）中选中快捷方式对象，快捷方式的对象可以是文件、文件夹、程序、打印机、计算机或驱动器等；右击选中的快捷方式对象,在出现的快捷菜单中选择"创建快捷方式"命令;然后将快捷方式的图标拖动到桌面上。

2.5 Windows 10 对磁盘的管理

磁盘是程序和数据的载体,它包括硬盘、光盘和优盘等。对磁盘进行维护,可以增大数据的存储空间,加大对数据的保护。Windows 10 提供了多种磁盘维护工具,如"磁盘清理""碎片整理和优化驱动器"工具等。用户通过使用它们能及时、方便地扫描硬盘、修复错误、对磁盘的存储空间进行清理和优化,进一步提升计算机的运行速度。

2.5.1 磁盘清理

在 Windows 10 操作系统中,使用磁盘清理工具可以删除硬盘分区中的系统 Internet 文件、文件夹以及回收站中的多余文件,从而达到释放磁盘空间、提高系统性能的目的。磁盘清理的操作步骤如下:

第一,在系统桌面上单击屏幕左下角的"开始"按钮,在其打开的所有程序列表中选择"Windows 管理工具"命令,在展开的子菜单中选择"磁盘清理"子命令,如图 2-28 所示。

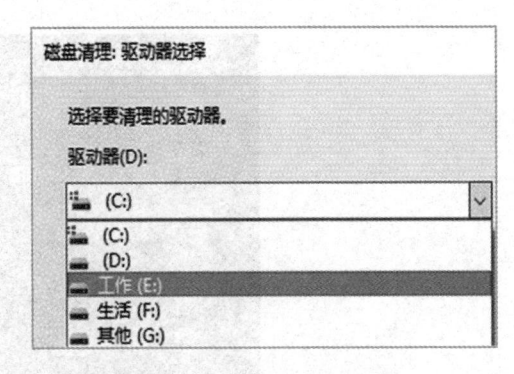

图 2-28 选择"磁盘清理"子命令　　图 2-29 选择准备清理的磁盘

第二，在弹出的"磁盘清理：驱动器选择"对话框中单击"驱动器"下拉按钮，在弹出的下拉列表中选择准备清理的驱动器，如选择 E 盘，单击"确定"按钮，如图 2-29 所示。

第三，弹出"工作（E:）的磁盘清理"对话框，在"要删除的文件"区域中选中准备删除文件的复选框和"回收站"复选框，单击"确定"按钮。

第四，在弹出的"磁盘清理"对话框中单击"删除文件"按钮即可完成磁盘清理的操作。

2.5.2 整理磁盘碎片

定期整理磁盘碎片可以保证文件的完整性，从而提高计算机读取文件的速度。整理磁盘碎片的操作如下：

第一，在系统桌面上单击屏幕左下角的"开始"按钮，在其打开的所有程序列表中选择"Windows 管理工具"命令，在展开的子菜单中选择"碎片整理和优化驱动器"命令，如图 2-30 所示。

计算机基础与应用

图 2-30 选择"碎片整理和优化驱动器"子命令

第二，在弹出的"优化驱动器"窗口的"状态"列表框中单击准备整理的磁盘，如 E 盘，单击"优化"按钮，如图 2-31 所示。

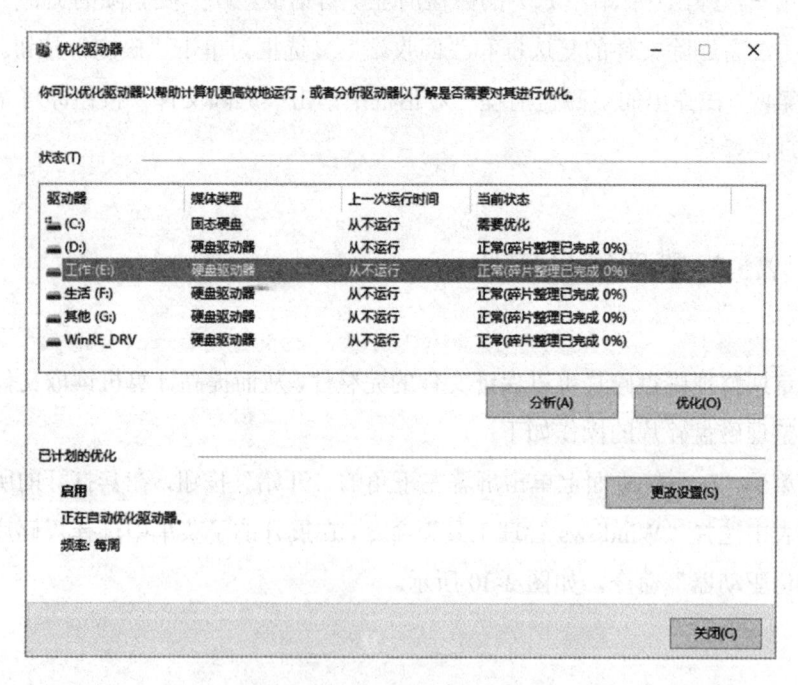

图 2-31 选择驱动器并单击"优化"按钮

2.6 Windows 10 系统设置

2.6.1 系统账户设置

Windows 10 操作系统是一个多任务、多用户的操作系统，虽然在同一时刻只能有一个用户使用，但是一台计算机可以在不同的时刻供不同的用户使用，不同的人也可创建不同的用户账户并建立各自的密码。

在安装 Windows 时，系统会自动创建一个名为"Administrator"的账户，这是本机的管理员，是身份和权限最高的账户。Windows 10 操作系统中的用户账户有 3 种类型：系统管理员账户、标准账户、来宾账户。不同类型的用户账户具有不同的权限。系统管理员账户可以看到所有用户的文件，标准账户和来宾账户则只能看到和修改自己创建的文件。

系统管理员账户对计算机上的所有账户都拥有完全访问权，可以安装程序并访问计算机上的所有文件，对计算机进行系统范围内的更改。

标准账户不能安装程序或更改系统文件及设置，只能查看和修改自己创建的文件，更改或删除自己的密码，更改属于自己的图片、主题及"桌面"设置，查看共享文件夹中的文件等。

来宾账户是专为那些没有用户账户的临时用户所设置的，如果没有启用来宾账户，则不能使用来宾账户。

1．创建用户账户

用户以管理员或者管理员组成员身份登录到计算机后，可以创建、更改和删除用户账户。操作步骤如下：

第一，单击"开始"按钮，在"开始"菜单中单击左侧的"设置"按钮，打开"Windows 设置"窗口，在"Windows 设置"窗口中单击"账户"图标，打开如图 2-32 所示的窗口，可以查看当前用户的账户信息、设置登录选项，查

计算机基础与应用

看其他用户的信息。

图 2-32 "账户信息"窗口

第二，在左窗格中单击"其他用户"按钮，然后在右窗格中单击"＋"按钮，打开"本地用户和组"窗口，单击左窗格中的"用户"；在右窗格空白处右击鼠标，弹出快捷菜单，如图 2-33 所示；选择"新用户"命令，打开"新用户"对话框，输入新用户的用户名、密码等信息，如图 2-34 所示；单击"创建"按钮创建用户。继续输入新用户的信息可以继续创建用户，单击"关闭"按钮可关闭对话框。

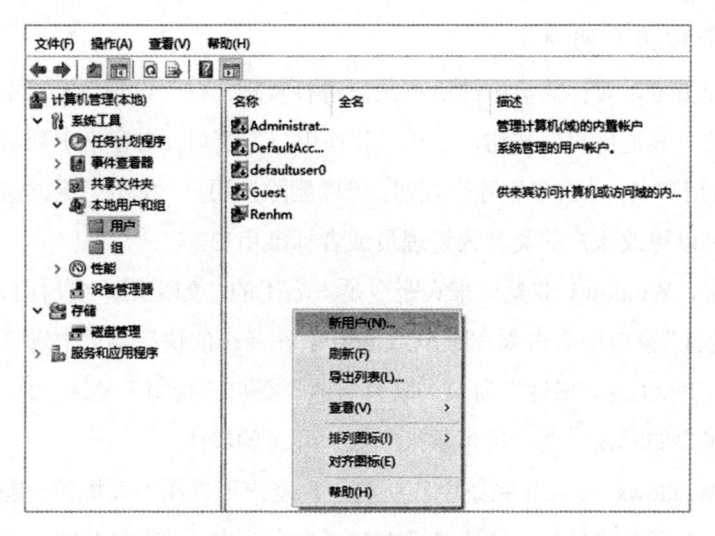

图 2-33 "新用户"对话框

图 2-34 "新用户"对话框

2.管理用户账户

管理员可以对计算机中的所有账户进行管理，在"设置"窗口中，单击左窗格中的"其他用户"按钮，打开"其他用户"窗口；右窗格中列出了其他用户，单击用户名，单击"删除"按钮，可以删除该用户；单击"更改账户类型"按钮，可以更改账户的类型为管理员或者标准用户。

通常，Windows 10默认来宾账户是不启用的，如果用户要启用来宾账户，应在"设置"窗口中右击来宾账户"Guest"，在弹出的快捷菜单中选择"属性"命令，打开"Cuest 属性"窗口，取消勾选"账户已禁用"复选框即可。这样，在切换账户的时候，会出现可供来宾账户登录的界面。

在 Windows 10 操作系统中，所有用户账户可以在不关机的状态下随时登录。用户也可以同时在一台计算机中打开多个账户，并在打开的账户之间进行快速切换。

2.6.2 设置个性化的操作界面

1.设置桌面

（1）设置主题

主题是桌面背景图片、窗口颜色和声音的组合，用户可对主题进行设置。其操作步骤如下：

第一，右击桌面空白处，在弹出的快捷菜单中选择"个性化"命令。

第二，在打开的"设置"窗口左侧的"个性化"栏中选择"主题"选项；拖动右侧的滚动条，在"应用主题"栏选择一种主题，如"鲜花"，如图 2-35 所示；然后单击"关闭"按钮，关闭窗口。

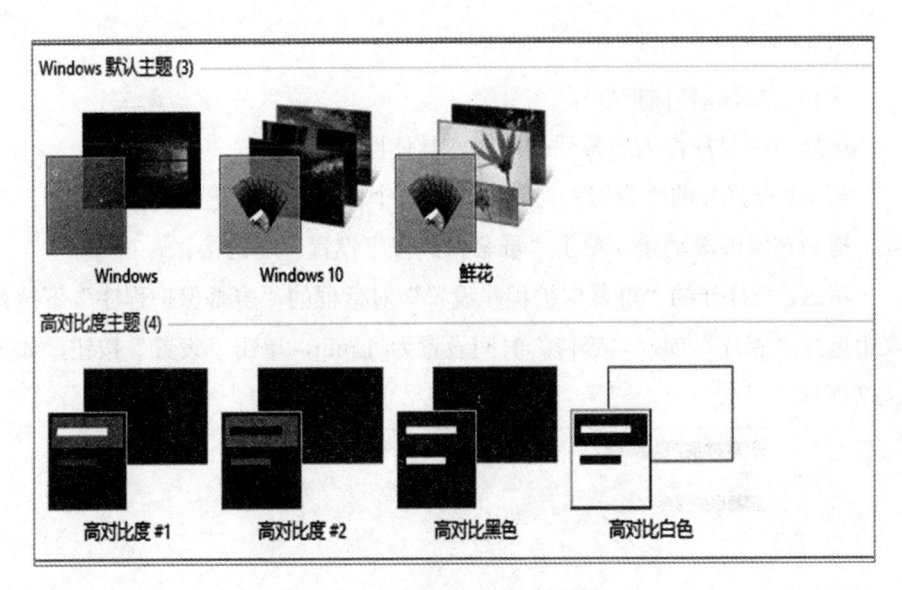

图 2-35 选择"鲜花"主题

（2）设置桌面背景

桌面背景可以是图片、纯色或幻灯片，如图 2-36 所示。

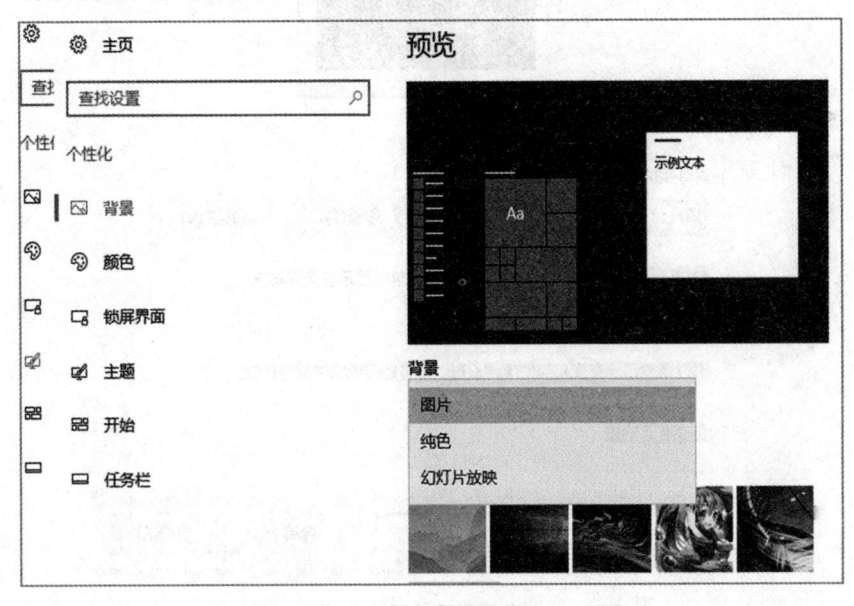

图 2-36 设置桌面背景

81

（3）设置屏幕保护程序

选择一组照片作为屏幕保护程序，具体操作如下：

第一，在打开的"设置"对话框左侧"个性化"栏中选择"锁屏界面"选项，拖动右侧的滚动条，单击"屏幕保护程序设置"超链接。

第二，在打开的"屏幕保护程序设置"对话框的"屏幕保护程序"下拉列表中选择"照片"项，"等待"时间设置为 1 min，单击"设置"按钮，如图 2-37 所示。

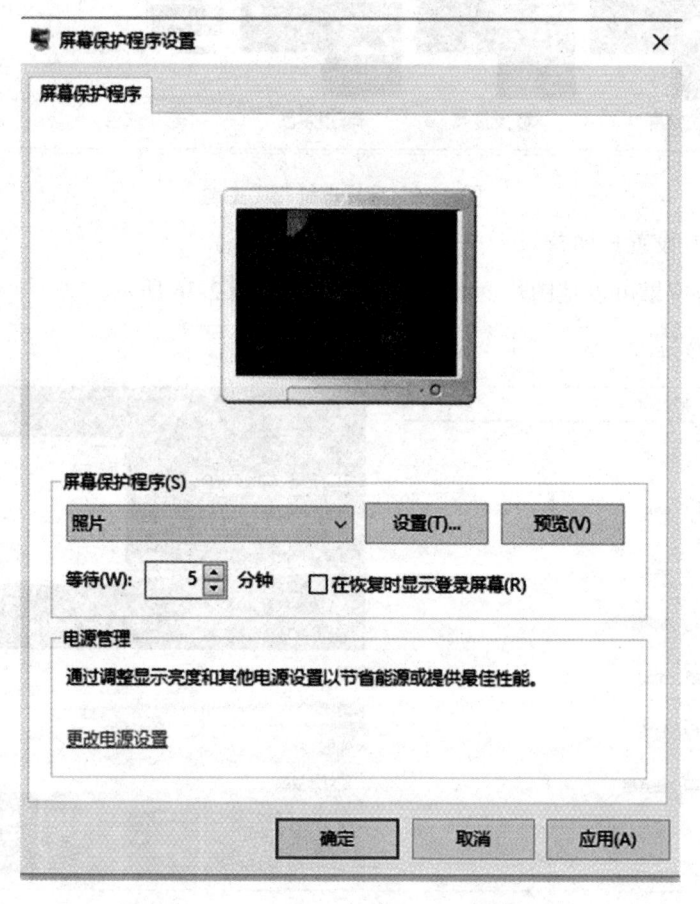

图 2-37 "屏幕保护程序设置"对话框

第三，在打开的"照片屏幕保护程序设置"对话框中，将"幻灯片放映速度"设置为"中速"。

第四，单击"浏览"按钮，在打开的"浏览文件夹"对话框中找到存放照片的文件夹，单击"确定"按钮，返回到"照片屏幕保护程序设置"对话框，单击"保存"按钮。

第五，返回到"屏幕保护程序设置"对话框，单击"确定"按钮，关闭对话框完成设置。

2.显示设置

（1）让桌面字体变得更大

通过对显示的设置，可以让桌面的字体变得更大，具体操作步骤如下：

第一，右击系统桌面空白处，在弹出的快捷菜单中选择"显示设置"命令。

第二，打开"设置"窗口，在窗口右侧"显示"界面中的"更改文本、应用等项目的大小"列表框中选择"125%"选项。

（2）设置显示器分辨率

分辨率是指显示器所能显示的像素的多少。例如，分辨率 1024×768 表示屏幕上共有 1024×768 个像素。分辨率越高，显示器可以显示的像素越多，画面越精细，屏幕上显示的项目越小，相对也增大了屏幕的显示空间，同样的区域内能显示的信息也就越多，故分辨率是显示器的一个非常重要的性能指标。

调整显示器分辨率的操作步骤如下：

第一，右击桌面空白处，在弹出的快捷菜单中选择"显示设置"命令。

第二，打开"设置"窗口，在窗口右侧"显示"界面中的"分辨率"下拉列表框中选择一种分辨率，如"1366×768"选项，如图 2-38 所示。

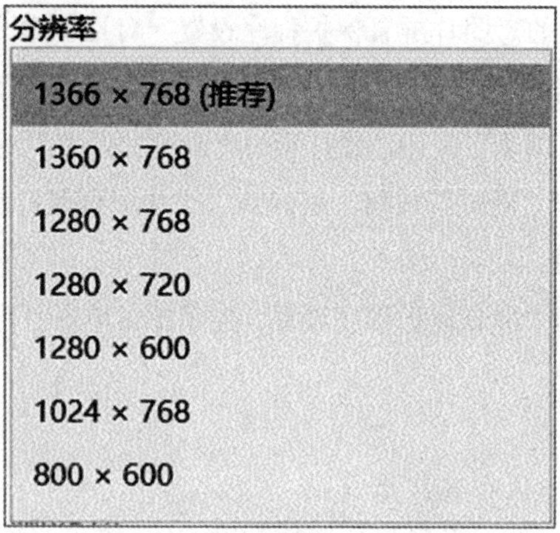

分辨率
1366 × 768 (推荐)
1360 × 768
1280 × 768
1280 × 720
1280 × 600
1024 × 768
800 × 600

图 2-38 "分辨率"下拉框

2.7 Windows 10 的多媒体功能

Windows 10 操作系统具有强大的多媒体处理功能，其中包含"录音机""相机""Groove 音乐""画图""截图工具"和"音量控制"等应用程序。

2.7.1 录音机

启动录音机的具体操作如下：单击"开始"按钮，在"开始"菜单中找到"录音机"命令选项，单击该命令选项，打开"录音机"程序；然后单击窗口正中间的按钮，则开始录音；若要暂停录音，可单击"暂停"按钮，再次单击"暂停"按钮，则可继续录音；完成录音后，单击"停止录音"按钮即可停止录音。

录音得到的音频文件显示在窗口左上部，名称为"录音"。右击该音频文件，在出现的快捷菜单中可以选择"重命名"选项，对该音频文件重新命名；也可以选择"打开文件位置"选项，查看音频文件存放的位置；还可以选择"删除"选项，删除该音频文件。若要重新开始录音，则单击窗口底部的按钮即可。

2.7.2 相机

Windows 10 操作系统自带一个"相机"软件，该软件具有拍照与录制视频的功能。

单击"开始"按钮，在"开始"菜单中找到"相机"命令选项，单击该命令选项，即可打开"相机"程序。

在"相机"程序的窗口中，窗口中间的画面是摄像头当前看到的景象。若要拍照，可单击窗口右侧的按钮；若要录制视频，可单击窗口右侧的按钮；若要查看所拍的照片和所录制的视频，可单击窗口右下侧的方框按钮。若单击窗口左上侧的按钮，可对"相机"进行设置。

2.7.3 Groove 音乐

"Groove 音乐"是 Windows 10 操作系统自带的一个音乐播放器。单击"开始"按钮，在"开始"菜单中找到"Groove 音乐"命令选项，单击该命令选项，即可打开"Groove 音乐"程序。"Groove 音乐"程序窗口左侧的菜单为用户提供了多种选择，用户可以根据需要进行操作。

2.7.4 画图

"画图"程序是 Windows 10 操作系统自带的一个画图工具,用户可以用它创建简单的图画,也可以查看和编辑已有的图片。

单击"开始"按钮,在"开始"菜单中找到"画图"命令选项,单击该命令选项,即可打开"画图"程序。画图程序提供了画图用的多种工具,这些工具排列在窗口上部的功能区中。用户可根据需要,单击选择某个工具按钮,然后在中间的工作区中使用鼠标进行操作,画出所要的图形。

窗口上部的颜料盒提供了画图用的多种颜料。可将鼠标放在某一种颜料对应的区域中,若单击则确定前景色,若右击则确定背景色。当确定前景色和背景色后,画出的图形就是彩色的。

在画图完成之后,用户可以进行保存、编辑、翻转/旋转、拉伸/扭曲、缩放、反色、打印等操作;也可以打开其他图片文件,对其进行各种编辑操作;还可以使用"粘贴"命令按钮,将使用 Alt+Print Screen 快捷键复制的当前活动窗口,或使用 Print Screen 键复制的整个屏幕粘贴到"画图"工作区中,经过编辑后,保存起来。

2.7.5 截图工具

"截图工具"是 Windows 10 操作系统自带的一个工具软件,可以用它在屏幕上截取图片,也可以用它对图片进行简单的操作。

例如,用户打开一幅图像,准备截取该图像的一部分。具体操作如下:

①用户单击"开始"按钮,在"开始"菜单中找到"截图工具"命令选项;单击该命令选项,打开"截图工具"软件,此时屏幕的背景是刚才打开的图像。

②在窗口中用户可以设置"延迟"时间，还可以设置截图"模式"。单击"选项"，会出现"截图工具选项"对话框。该对话框提供了多个选项，用户可根据需要进行选择。

③在窗口中单击"新建"，则进入截图状态。此时，背景屏幕变为灰色，鼠标形状变为十字形，在背景屏幕显示的图像上选定位置后，拖动鼠标，截取所要的一个矩形区域（因为前面设置的是"矩形截图"模式），然后松开鼠标，该矩形区域就为所截取的图像。

2.7.6 音量控制

在 Windows 10 操作系统中，用户可以通过以下两种方法控制播放的声音：

①使用任务栏中的声音图标调节声音大小：单击任务栏上的音量控制器图标，出现音量控制框，通过拖动音量滑动按钮，可调节音量的大小。

②右击任务栏中的声音图标，在弹出的快捷菜单中选择"打开音量合成器"命令，出现"音量合成器-扬声器"窗口。"音量合成器-扬声器"窗口可以控制多个输入的音量，可以通过拖动滑动按钮来调节音量的大小以及各种平衡等。

第 3 章　Word 2016 文字处理

Word 2016 是微软公司开发的 Office 办公组件之一，也是当今人们最常用的办公软件之一。Word 2016 可以用于文字排版，如文章排版、书籍排版等；也可以用于表格制作，如制作销售情况统计表、成绩名次表等。

【学习目标】
- 熟悉 Word 2016 的窗口界面。
- 掌握 Word 文档的基本操作。
- 掌握文档的输入、编辑和基本排版操作。
- 掌握表格处理的基本操作。
- 了解图文混排操作。

3.1 Word 2016 概述

本节将主要介绍 Word 2016 的新增功能、窗口、文档格式和文档视图。需要注意的是，Word 2016 的新增功能在 Office 2016 的其他组件中也同样适用。

3.1.1 Word 2016 的新增功能

Word 2016 作为文字处理软件，相较之前的版本增加了以下新功能：

1.协同工作功能

Office 2016 新加入了协同工作的功能,只要通过共享功能选项发出邀请,就可以让其他使用者一同编辑文件,而且每个使用者编辑过的地方,也会出现提示,让所有人都可以看到哪些段落被编辑过。

2.操作说明搜索功能

Word 2016 选项卡右侧的搜索框提供操作说明搜索功能,即全新的 Office 助手 Tell Me。在搜索框中输入想要搜索的内容,搜索框会给出相关命令。这些都是标准的 Office 命令,直接单击即可执行该命令,对于使用 Office 不熟练的用户来说,将会为其带来更大的方便。

3.云模块与 Office 融为一体

Office 2016 中的云模块已经很好地与 Office 融为一体了。Word 文档可以使用本地硬盘储存,也可以指定云模块 OneDrive 作为默认存储路径。基于云存储,用户可以通过手机、iPad 或是其他客户端等设备随时访问存放到云端的文件。

4.增加"加载项"工具组

"插入"选项卡中增加了一个"加载项"工具组,里面包含"应用商店""我的加载项"两个按钮。"应用商店"里主要是微软和第三方开发者开发的一些 App,可以为 Office 提供一些扩充性的功能。例如,用户可以从"应用商店"下载一款检查器,来帮助检查文档的断字或语法问题等。

5.手写公式

Word 2016 中增加了一个相当强大而又实用的功能——墨迹公式,使用墨迹公式可以快速地在编辑区域手写输入数学公式,并能够将这些公式转换成系统可识别的文本格式。

6.简化文件分享操作

Word 2016 将共享功能和 OneDrive 进行了整合,在"文件"按钮的"共享"界面中,可以直接将文件保存到 OneDrive 中,然后邀请其他用户一起来查看、编辑文档,并且多人编辑文档的记录都能够保存下来。

3.1.2 Word 2016 窗口

在系统桌面单击"开始"按钮,在弹出的"开始"菜单中选择 Word 2016 命令,打开启动 Word 2016 的界面,单击右侧"新建"栏中的"空白文档"图标,可打开如图 3-1 所示的 Word 2016 窗口。

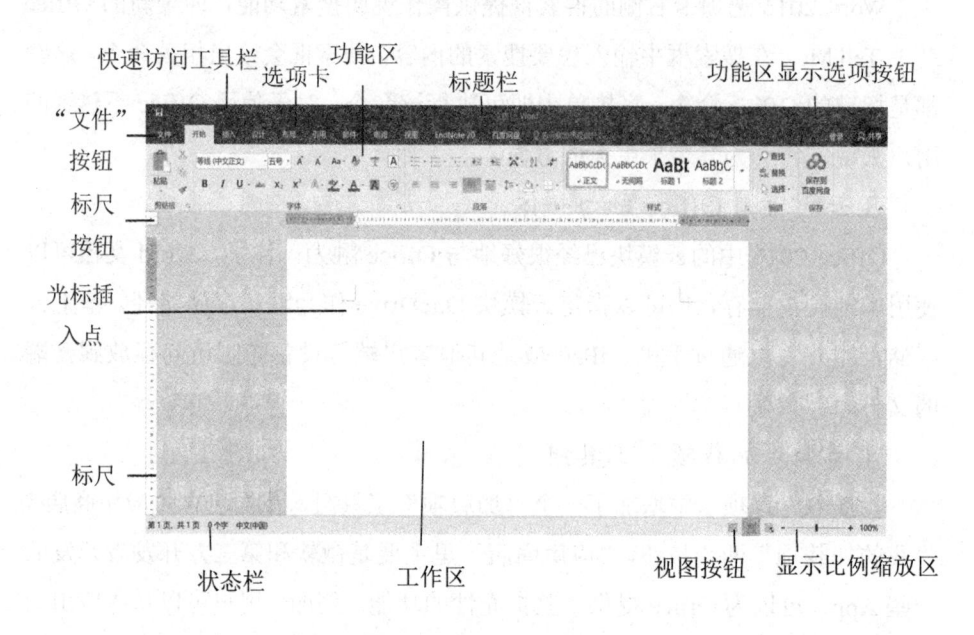

图 3-1 Word 2016 窗口

Word 2016 窗口主要由标题栏、快速访问工具栏、"文件"按钮、选项卡、功能区、工作区、标尺、状态栏和视图栏等组成。

1. 标题栏

标题栏位于窗口的顶端,用于显示当前正在运行的程序名及文件名等信息。标题栏最右端有 3 个按钮,分别用来控制窗口的最小化、最大化/还原和关闭。

2. 快速访问工具栏

快速访问工具栏中包含常用操作的快捷按钮,以方便用户使用。在默认状态下，仅包含"保存""撤销"和"恢复"3个按钮，单击右侧的下拉按钮可添加其他快捷按钮。

3."文件"按钮和选项卡

"文件"按钮主要用于控制执行文档的新建、打开、关闭和保存等操作。

常见选项卡有"开始""插入""设计""布局""引用""邮件""审阅""视图"等，单击某选项卡，会打开相应的功能区。对于某些操作，软件会自动添加与操作相关的选项卡，以方便用户操作。

4.功能区

功能区用于显示某选项卡下的各个工具组，如图3-1显示的是"开始"选项卡下的"剪贴板""字体""段落""样式"和"编辑"工具组，组内列出了相关的命令按钮。某些工具组右下角有一个对话框启动器按钮，单击此按钮可打开一个与该组命令相关的对话框。

窗口右上角的"功能区显示选项"按钮用于控制选项卡和功能区的显示与隐藏，单击该按钮可弹出如图3-2所示的下拉列表。单击功能区右侧的"折叠功能区"按钮，可将功能区折叠起来，仅显示选项卡；如果要同时显示选项卡和功能区，应单击"功能区显示选项"按钮，在其下拉列表中选择"显示选项卡和命令"选项即可。

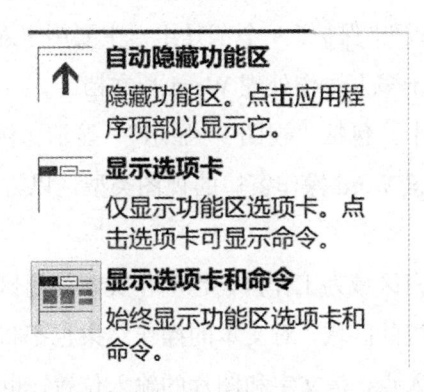

图3-2 "功能区显示选项"按钮的下拉列表

下面就常用选项卡及相应功能区做简要介绍。

①"开始"选项卡。包括"剪贴板""字体""段落""样式"和"编辑"5个工具组，主要用于对 Word 文档进行文字编辑和字体、段落的格式设置，是最常用的选项卡。

②"插入"选项卡。包括"页面""表格""插图""加载项""媒体""链接""批注""页眉和页脚""文本"和"符号"10个工具组，主要用于在 Word 文档中插入各种元素。

③"设计"选项卡。包括"文档格式"和"页面背景"两个工具组，主要用于文档的格式以及页面背景设置。

④"布局"选项卡。包括"页面设置""稿纸""段落"和"排列"4个工具组，主要用于设置 Word 文档的页面样式。

⑤"引用"选项卡。包括"目录""脚注""引文与书目""题注""索引"和"引文目录"6个工具组，主要用于 Word 文档中插入目录等，用以实现比较高级的功能。

⑥"邮件"选项卡。包括"创建""开始邮件合并""编写和插入域""预览结果"和"完成"5个工具组.该选项卡的用途比较专一，主要用于 Word 文档中进行邮件合并方面的操作。

⑦"审阅"选项卡。包括"校对""见解""语言""中文简繁转换""批注""修订""更改""比较""保护"9个工具组，主要用于对 Word 文档进行校对和修订等操作，适用于多人协作处理 Word 长文档。

⑧"视图"选项卡。包括"视图""显示""显示比例""窗口""宏"5个工具组，主要用于设置 Word 操作窗口的视图类型，以方便操作。

5.工作区

功能区下方的空白区域为工作区，也叫作文本编辑区，是输入文本、添加图形图像以及编辑文档的区域，对文本的操作结果也都将显示在该区域。工作区中闪烁的光标为插入点，是文字和图片的输入位置，也是各种命令生效的位置；工作区右边和下边分别是垂直滚动条和水平滚动条。

6.标尺

在"视图"选项卡的"显示"工具组中选中"标尺"复选框,可显示文档的垂直标尺和水平标尺。

7.状态栏和视图栏

窗口的左侧底部显示的是状态栏,主要提供当前文档的页码、字数、修订、语言等信息。窗口的右侧底部显示的是视图栏,包括文档视图切换区和显示比例缩放区,单击文档视图切换区相应按钮可以切换文档视图,拖动显示比例缩放区中的"显示比例"滑块或单击两端的"＋"号或"－"号可以改变文档编辑区的大小。

3.1.3 文档格式和文档视图

1.Word 2016 文档格式

在计算机中,信息是以文件为单位存储在外存储器中的。通常将由 Word 生成的文件称为 Word 文档,Word 文档格式自 Word 2007 版本开始都是基于新的 XML 的压缩文件格式,在传统的文件扩展名后面添加了字母 x 或 m。x 表示不含宏的 XML 文件,m 表示含有宏的 XML 文件。Word 2016 中文件类型与其对应的扩展名如表 3-1 所示。

表 3-1 Word 2016 中的文件类型与其对应的扩展名

文件类型	扩展名
Word 2016 文档	.docx
Word 2016 启用宏的文档	.docm
Word 2016 模板	.dotx
Word 2016 启用宏的模板	.dotm

2.Word 2016 文档视图

Word 2016 文档主要有五种视图，分别是页面视图、阅读视图、Web 版式视图、大纲视图、草稿。其中大纲视图、草稿须在"视图"选项卡下的"视图"工具组中进行切换，如图 3-3 所示。

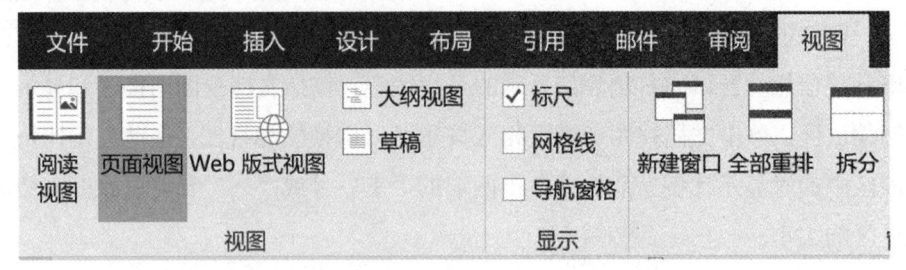

图 3-3　"视图"选项卡中的"视图"工具组

（1）页面视图

一般来说，使用 Word 编辑文档时默认使用页面视图模式，如图 3-4 所示。该视图显示的效果和打印的效果完全一致。在页面视图中可看到页眉、页脚、水印和图形等各种对象在页面中的实际打印位置，便于用户对页面中的各种对象元素进行编辑。

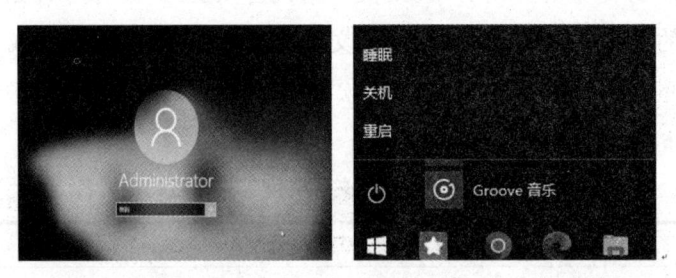

图 2-1　Windows 10 登录界面　　图 2-2　Windows 10 "关机"选项

- 2．睡眠、关机、重启 Windows 10

①单击"开始"按钮，在弹出的菜单中选择"电源"图标，可打开如图 2-2 所示的"关机"选项。

"睡眠"是一种节能状态，当选择"睡眠"命令后，计算机会立即停止当前操作，将当前运行程序的状态保存在内存中并消耗少量的电能，只要不断电，当再次按下计算机开关时，便可以快速恢复"睡眠"前的工作状态。

图 3-4　页面视图

(2) 阅读视图

在该视图模式中,文档将全屏显示,一般用于阅读长文档,用户可对文字进行勾画和批注,如图 3-5 所示。单击左或右三角形按钮可切换文档页面显示,按 Esc 键可退出阅读视图模式。

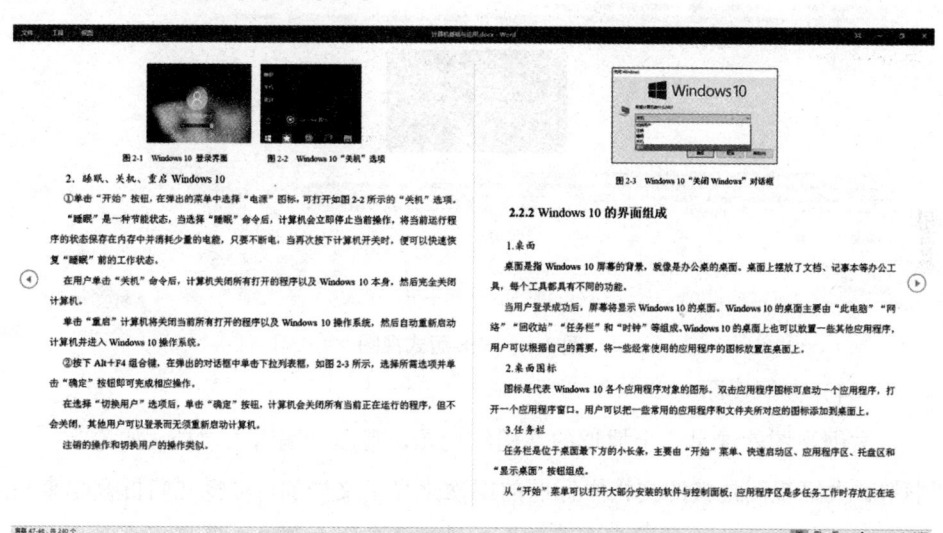

图 3-5　阅读视图

(3) Web 版式视图

Web 版式视图专为浏览和编辑 Web 网页而设计,它能够模仿 Web 浏览器来显示 Word 文档。在 Web 版式视图下,文档将显示为一个不带分页符的长页,并且文本和表格将自动换行以适应窗口的大小,如图 3-6 所示。

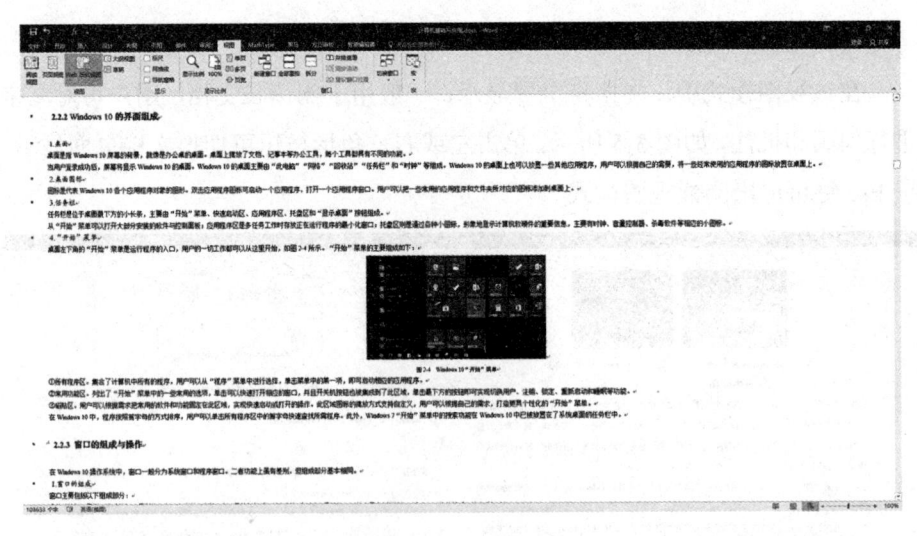

图 3-6　Web 版式视图

（4）大纲视图

大纲视图就像是一个树形的文档结构图，常用于编辑长文档，如论文、标书等。大纲视图是按照文档中标题的层次来显示文档的，可将文档折叠起来只看主标题，也可将文档展开查看整个文档的内容，如图 3-7 所示。

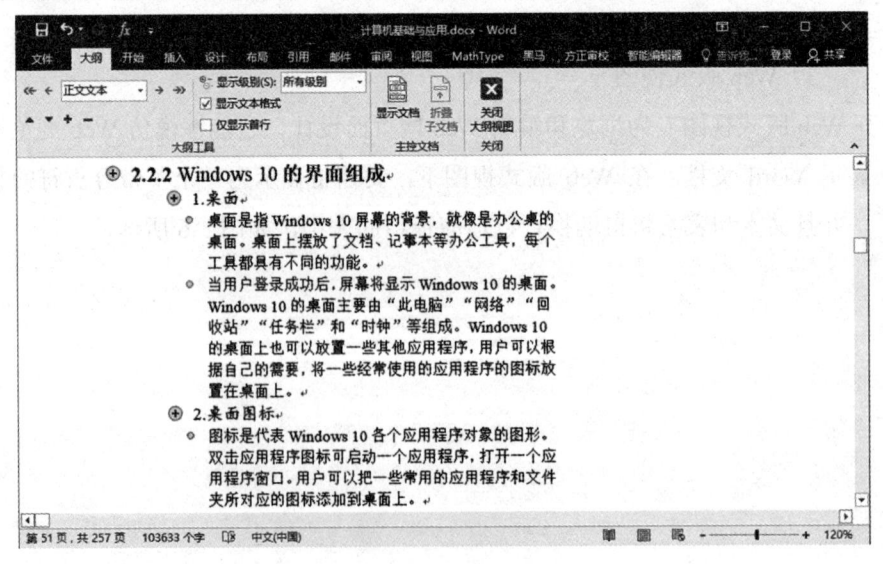

图 3-7　大纲视图

（5）草稿

草稿是 Word 2016 中最简化的视图模式，在该视图模式下，Word 2016 只会显示文档中的文字信息而不显示文档的装饰效果，常用于文字校对，如图 3-8 所示。

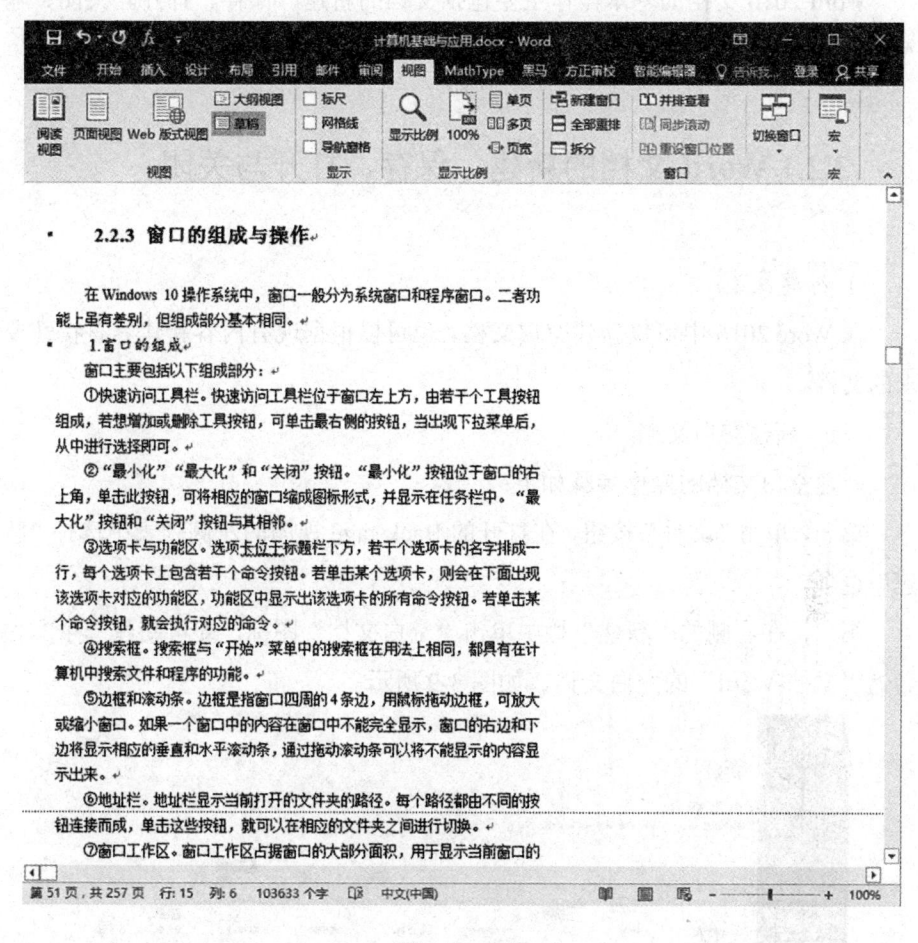

图 3-8　草稿

3.2 Word 2016 文档的基本操作

Word 2016 文档的基本操作主要包括文档的新建、保存、打开、关闭、输入文本以及编辑文档等。

3.2.1 Word 文档的新建、保存、打开与关闭

1.新建文档

在 Word 2016 中可以新建空白文档,也可以根据现有内容新建具有特殊要求的文档。

(1)新建空白文档

新建空白文档的操作步骤如下:

第一,单击"文件"按钮,在打开的 Backstage 视图的左侧列表中选择"新建"选项。

第二,在右侧的"新建"栏中单击"空白文档"图标,即可新建一个文件名为"文档-Word"的空白文档,如图 3-9 所示。

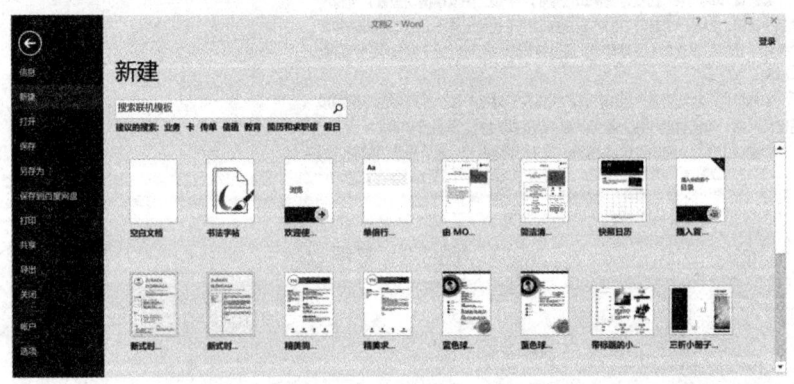

图 3-9 Backstage 视图中的"新建"选项

（2）根据模板创建文档

在 Word 2016 中，模板分为 3 种，第一种是安装 Office 2016 时系统自带的模板；第二种是用户自己创建后保存的自定义模板（*.dotx）；第三种是 Office 网站上的模板，需要下载才能使用。Word 2016 更新了模板搜索功能，可以直接在 Word 文件内搜索需要的模板，这大大提高了工作效率。

用户在如图 3-9 所示的"新建"栏中单击所需要的模板图标，如书法字帖、简历、报告等，即可新建对应模板的 Word 文档，以满足自己的特殊需要。

2.保存文档

在对文档进行编辑后，需要对文档进行保存，这样被编辑过的文档就可以在下一次继续使用。应该养成随时保存文档的习惯，以免因为误操作或突然断电或电脑故障引起数据丢失。Word 提供了"保存"和"另存为"两种保存方法。

（1）保存新建文档

如果要对新建文档进行保存，可单击快速访问工具栏上的"保存"按钮；也可单击"文件"按钮，在打开的 Backstage 视图侧下拉列表中选择"保存"选项；或者使用快捷键"Ctrl＋S"。在第一次保存文件时，Word 会自动跳转到"另存为"命令。Word 2016 引入了"云"操作，用户可以将文档保存到 OneDrive 中；如果要将文档保存到本机，则在保存位置选项中选择"这台电脑"或"浏览"选择保存的位置。在"另存为"对话框中，用户对文档保存的位置、文件名及文件类型进行设置，如图 3-10 所示。

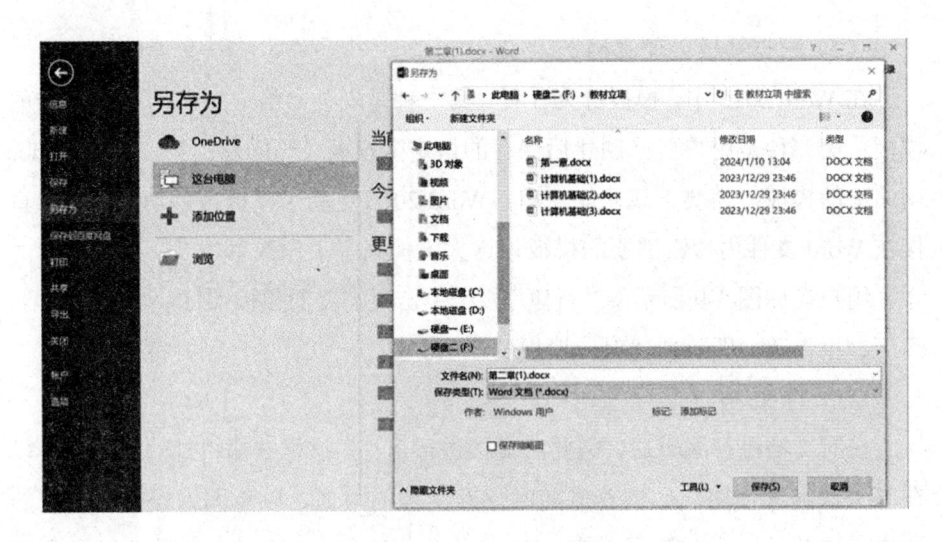

图 3-10 "另存为"对话框

（2）保存已有文档

对于已经保存过的文档，当再次处理后需要保存时，可单击快速访问工具栏上的"保存"按钮，也可单击"文件"按钮后在下拉列表中选择"保存"命令，或者使用快捷组合键"Ctrl+S"进行快速保存。这几种保存方式都会按照原文件的存放路径、文件名称及文件类型进行保存。

（3）设置自动保存

为了防止突发情况造成数据丢失，用户可以设置自动保存，操作如下：在"文件"选项卡中选择"选项"命令，在弹出的"Word 选项"对话框中选择"保存"选项；启用"保存自动恢复信息时间间隔"复选框，并在后面的文本框中设置自动保存的间隔时间。

3. 打开和关闭文档

对于任何一个文档，用户都需要先将其打开，然后才能对其进行编辑；当编辑完成后，可将文档关闭。

（1）打开文档

用户可参考如下方法打开 Word 文档：

①对于已经存在的 Word 文档，只需双击该文档的图标便可打开该文档。

②若要在已经打开 Word 文档时打开另外一个 Word 文档，可单击"文件"按钮，在打开的 Backstage 视图左侧下拉列表中选择"打开"选项，在右侧的"打开"界面中找到并选择需要打开的文件。

（2）关闭文档

在对文档完成全部操作后，若要关闭文档，用户可单击"文件"按钮，在打开的 Backstage 视图左侧下拉列表中选择"关闭"命令，或单击窗口右上角的"关闭"按钮。

在关闭文档时，如果没有对文档进行编辑、修改操作，可直接关闭；如果对文档做了修改，但还没有保存，系统会弹出一个提示对话框，询问用户是否需要保存已经修改过的文档，如图 3-11 所示，单击"保存"按钮即可保存并关闭该文档。

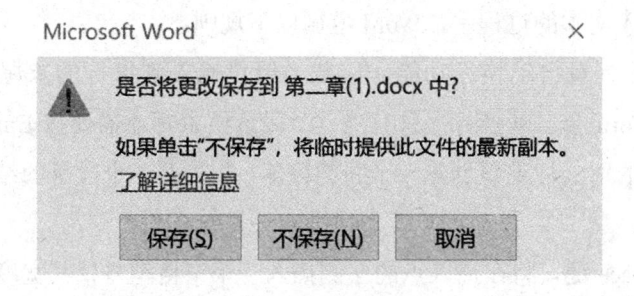

图 3-11　保存提示对话框

3.2.2 在文档中输入文本

用户新建的文档常常是一个空白文档，还没有具体的内容，下面介绍向文档中输入文本的一般方法。

1.定位插入点

在 Word 文档的输入编辑状态下，光标起着定位的作用，光标的位置即对象的"插入点"位置。定位"插入点"可通过操作键盘和鼠标来完成。

（1）用键盘快速定位"插入点"

Home 键：将"插入点"移到所在行的行首。

End 键：将"插入点"移到所在行的行尾。

PgUp 键：上翻一屏。

PgDn 键：下翻一屏。

Ctrl＋Home：将"插入点"移动到文档的开始位置。

Ctrl＋End：将"插入点"移动到文档的结束位置。

（2）用鼠标"单击"直接定位"插入点"

将鼠标指针指向文本的某处，直接单击即可定位"插入点"。

2.输入文本的原则

在文档中除了可以输入汉字、数字和字母，还可以插入日期和一些特殊的符号。在输入文本的过程中，Word 遵循以下规则：

①Word 具有自动换行功能，因此当用户输入到每行的末尾时不需要按 Enter 键，Word 会自动换行；只有当一个段落结束时才需要按 Enter 键，此时将在插入点的下一行重新创建一个新的段落，并在上一个段落的结束处显示段落结束标记。

②按 Space 键，将在插入点的左侧插入一个空格符号，其宽度将由当前输入法的全/半角状态而定。

③按 Backspace 键，将删除插入点左侧的一个字符；按 Delete 键，将删除插入点右侧的一个字符。

④若要调节字符间距，可单击"开始"选项卡"字体"功能区右下角的"对话框启动器"按钮，显示"字体"对话框，通过"字体"→"高级"→"字符间距"命令来设置标准/加宽/紧缩。

⑤若要调节行间距，可单击"开始"选项卡"段落"功能区右下角的"对话框启动器"，显示"段落"对话框，通过"段落"→"间距"命令来设置段落之间或行之间的间距，而不是用按 Enter 键的方式来加大。

3.插入符号

在文档中插入符号可以使用 Word 的插入符号功能，操作方法如下：

第一，将插入点移动到需要插入符号的位置，直接利用键盘输入符号；或者在"插入"选项卡的"符号"工具组中单击"符号"按钮，选择需要的符号；另外可以借助汉字输入方式提供的软键盘，也可以输入汉字标点符号。

第二，如不能满足要求，可选择"其他符号"，在"符号"对话框中选择所需要的符号或特殊字符，如图 3-12 所示。

图 3-12　"符号"对话框

第三，选择符号或特殊字符后，单击"插入"按钮，再单击"关闭"按钮即可。

3.2.3 编辑文档

文档的编辑主要包括文本的选定、复制与移动、删除、查找与替换，以及撤销、恢复或重复等。

1.文本的选定

连续文本区的选定操作如下：将鼠标指针移动到需要选定文本的开始处，

按下鼠标左键拖动至需要选定文本的结尾处，释放左键；或者单击需要选定文本的开始处，按下 Shift 键在结尾处单击，被选中的文本呈反显状态。

不连续多块文本区的选定操作如下：在选择一块文本之后，按住 Ctrl 键选择另外的文本，则多块文本可同时被选中。

文档的一行、一段以及全文的选定操作如下：移动鼠标指针至文档左侧的文档选定区，当鼠标指针变成空心斜向上的箭头时单击可选中鼠标箭头所指向的一整行，双击可选中整个段落，三击可选中全文。

整篇文档的操作如下：①按住 Ctrl 键单击文档选定区的任何位置；②按"Ctrl＋A"组合键；③在"开始"选项卡的"编辑"工具组中选择"选择"→"全选"命令。

2.文本的复制与移动

复制与移动文本常使用以下两种方法：

（1）使用鼠标左键

选定需要复制与移动的文本，按下鼠标左键拖动至目标位置为移动，在按下鼠标左键的同时按住 Ctrl 键拖动至目标位置为复制。

（2）使用剪贴板

选定需要复制与移动的文本，在"开始"选项卡的"剪贴板"工具组中单击"复制/剪切"按钮，或右击鼠标后选择快捷菜单中的"复制/剪切"命令，或使用组合键"Ctrl＋C/X"；将光标移至目标位置，再单击"剪贴板"工具组中的"粘贴"按钮，或右击鼠标后选择快捷菜单中的"粘贴"命令，或使用组合键"Ctrl＋V"。其中，单击"复制"按钮、选择"复制"命令或使用组合键"Ctrl＋C"实现的是复制，单击"剪切"按钮、选择"剪切"命令或使用组合键"Ctrl＋X"实现的是移动。

3.文本的删除

如果要删除一个字符，可以将插入点移动到要删除字符的左边，然后按 Delete 键；也可以将插入点移动到要删除字符的右边，然后按 Backspace 键；如果要删除一个连续的文本区域，首先选定需要删除的文本，然后按 Backspace

键或按 Delete 键均可。

4.文本的查找与替换

查找与替换操作是编辑文档过程中常用的操作,在进行查找和替换操作之前需要在打开的"查找和替换"对话框中注意查看"搜索选项"栏中的各个选项的含义,如表 3-2 所示。

表 3-2 "搜索选项"工具组中各选项的含义

选项名称	操作含义
全部	整篇文档
向上	插入点到文档的开始处
向下	插入点到文档的结尾处
区分大小写	在查找或替换字母时,须区分字母的大小写
全字匹配	在查找时,只有完整的词才能被找到
使用通配符	可用"?"或"*"分别代表任意一个字符或任意一个字符串
区分全角/半角	在查找或替换时,所有字符须区分全角/半角
忽略空格	在查找或替换时,空格将被忽略

5.撤销、恢复或重复

向文档中输入一串文本,如"音乐表演",快速访问工具栏中会立即产生两个命令按钮——"撤销键入"和"重复键入"。如果单击"重复键入"按钮,则会在插入点处重复输入这一串文本;如果单击"撤销键入"按钮,刚输入的文本会被清除,同时"重复键入"按钮变成"恢复键入"按钮;单击"恢复键入"按钮后,刚刚清除的文本会重新恢复到文档中,如图 3-13 和图 3-14 所示。

图 3-13 撤销操作按钮 　　　　图 3-14 恢复操作按钮

按钮名称中的"键入"两个字是随着操作的不同而变化的,如果执行的是删除文本操作，则按钮名称会变成"撤销清除"和"重复清除"。

使用撤销操作按钮可以撤销编辑操作中最近一次的误操作，而使用恢复操作按钮可以恢复被撤销的操作。

3.3 Word 文档的基本排版

当文本输入、编辑完成以后，用户就可以进行排版操作了。这里我们先介绍 Word 文档的基本排版。基本排版主要包括页面格式设置、字符格式设置和段落格式设置。

3.3.1 页面格式设置

文档的页面格式设置主要包括页面排版、分页与分节、插入页码、插入页眉和页脚以及预览与打印等。页面格式设置一般是针对整个文档而言的。

1. 页面设置

页面设置常在"布局"选项卡下进行。在"布局"选项卡下，用户可直接选择工具组中的命令按钮对页面进行设置。当需要更为详细准确的设置时，可单击"布局"工具组右下角的对话框启动器，将出现"页面设置"对话框，该对话框包括 4 个选项卡：纸张、页边距、版式和文档网格。建议在对字符、段落等格式设置前，先进行页面设置，以便在编辑、排版过程中随时根据页面视图调整版面。

（1）"纸张"选项卡

"纸张"选项卡可用于设置文档的纸型、纸张大小、纸张设置适用的文档范围等。具体设置如图 3-15 所示：将"页面设置"对话框切换至"纸张"选项卡，在"纸张大小"下拉列表中选择纸张类型；也可在"宽度"和"高度"文本框中自定义纸张大小；在"应用于"下拉列表框中选择页面设置所适用的文档范围。

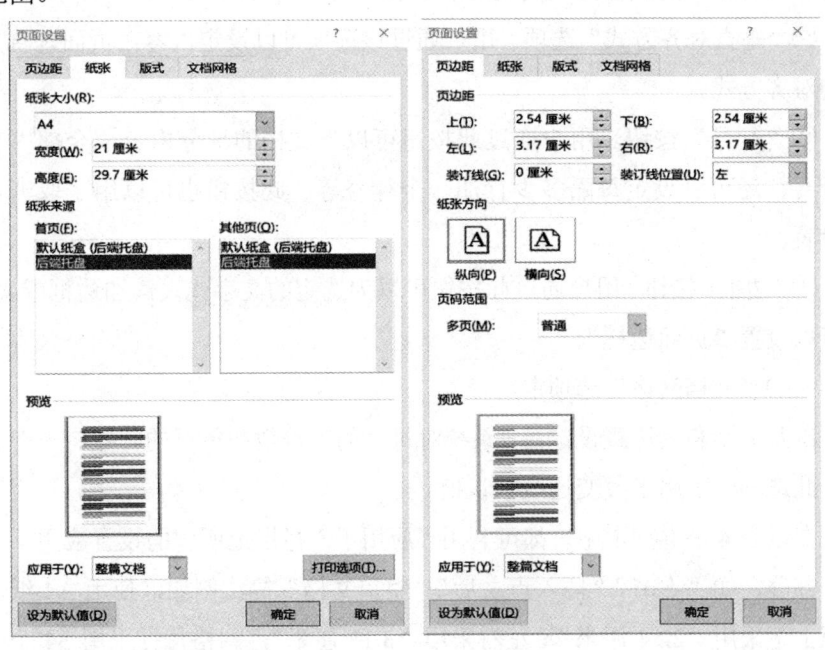

图 3-15　"纸张"选项卡　　　　图 3-16　"页边距"选项卡

（2）"页边距"选项卡

页边距是指文本区和纸张边沿之间的距离。页边距决定了页面四周的空白区域，它包括左右页边距和上下页边距。

具体设置如图 3-16 所示：将"页面设置"对话框切换至"页边距"选项卡，在"页边距"工具组中设置上、下、左、右 4 个边距值，以及"装订线"占用的空间和位置；在"纸张方向"组中设置纸张显示方向；在"应用于"下拉列表中选择适用范围。

（3）"版式"选项卡

"版式"选项卡中常用的选项如下：

①"页眉和页脚"选项。若勾选"奇偶页不同"复选框,表示要在奇数页与偶数页上设置不同的页眉或页脚,而且这一设置将影响整个文档;若勾选"首页不同"复选框,可使节或文档首页的页眉或页脚与其他页的页眉或页脚不同。页眉和页脚框中的数值分别为页眉和页脚距边界的距离。

②"垂直对齐方式"选项。用户通过该选项可以设定内容在页面垂直方向上的对齐方式。

③"行号"按钮。用户通过此按钮可以为文档的部分内容或全部内容添加行号,还可以设定每隔多少行加一个行号等。此按钮也可以用于取消行号的设置。

④"边框"按钮。用户通过此按钮可以为选定的文字或段落加边框或底纹,还可以设置"页面边框"。

（4）"文档网格"选项卡

纸张大小和页边距设定后,系统对每行的字符数和每页的行数有一个默认值,此选项卡可用于改变这些默认值。

在以上 4 个选项卡中,都可利用"应用于"栏指定所做的设置应用于文档哪个部分,如"本节""插入点之后""整篇文档"等。例如,使用 A4 纸,页边距上下采用"2.54 厘米",左右采用"3.17 厘米",网格每行采用 34 个中文字符,每页采用 44 行,即可设计出符合一般论文或出版需求的 16 开页面。

2.分页与分节

（1）分页

在 Word 中输入文本,当文档内容到达页面底部时,Word 会自动分页;但有时在一页未写完时希望重新开始新的一页,这时就需要通过手动插入分页符来强制分页。

对文档进行分页的操作步骤如下:

第一,将插入点定位到需要分页的位置。

第二,切换至"布局"选项卡的"页面设置"工具组中,单击"分隔符"按钮。

第三，在打开的"分隔符"下拉列表中选择"分页符"选项，即可完成对文档的分页，如图 3-17 所示。

最简单的分页方法是将插入点移到需要分页的位置，然后按"Ctrl＋Enter"组合键。

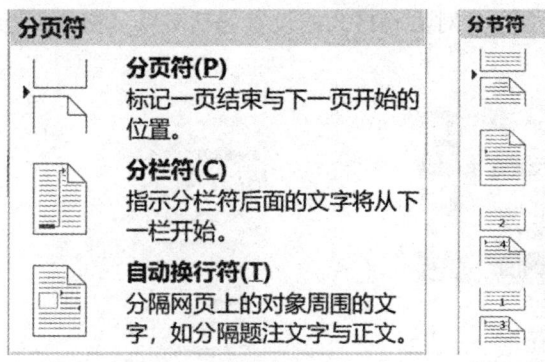

图 3-17 "分页符"　　　　图 3-18 "分节符"

（2）分节

为了便于对文档进行格式化，可以将文档分隔成任意数量的节，然后根据需要分别为每节设置不同的样式。一般在建立新文档时，Word 将整篇文档默认为是一个节。分节的具体操作步骤如下：

第一，将光标定位到需要分节的位置，然后切换至"布局"选项卡的"页面设置"工具组中，单击"分隔符"按钮。

第二，在打开的"分隔符"下拉列表中列出了 4 种不同类型的分节符，如图 3-18 所示，选择文档所需的分节符即可完成相应的设置。

下一页：插入分节符并在下一页上开始新节。

连续：插入分节符并在同一页上开始新节。

偶数页：插入分节符并在下一个偶数页上开始新节。

奇数页：插入分节符并在下一个奇数页上开始新节。

3.插入页码

页码用来表示每页在文档中的顺序编号，在 Word 中添加的页码会随文档内容的增删自动更新。

插入页码的操作如下：在"插入"选项卡的"页眉和页脚"工具组中单击"页码"按钮，弹出下拉列表，如图 3-19 所示；选择页码的位置和样式进行设置。如果选择"设置页码格式"选项，则打开"页码格式"对话框，可以对页码格式进行设置，如图 3-20 所示。对页码格式的设置包括对编号格式、是否包含章节号和页码编号等。

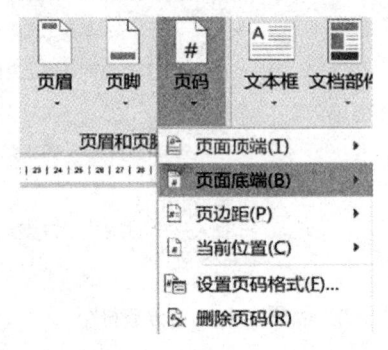

图 3-19　"页码"下拉列表　　　　图 3-20　"页码格式"对话框

若要删除页码，只要在"插入"选项卡的"页眉和页脚"工具组中单击"页码"按钮，在打开的下拉列表项中选择"删除页码"选项即可。

4.插入页眉和页脚

页眉是指每页文稿顶部的文字或图形。页脚是指每页文稿底部的文字或图形。页眉和页脚通常用来显示文档的附加信息，如页码、书名、章节名、作者名、公司徽标、日期和时间等。

（1）插入页眉/页脚的操作

第一，在"插入"选项卡的"页眉和页脚"工具组中单击"页眉"按钮，弹出下拉列表，如图 3-21 所示；选择"编辑页眉"选项，也可选择内置的任意一种页眉样式，或者直接在文档的页眉/页脚处双击，即可进入页眉/页脚编辑状态。

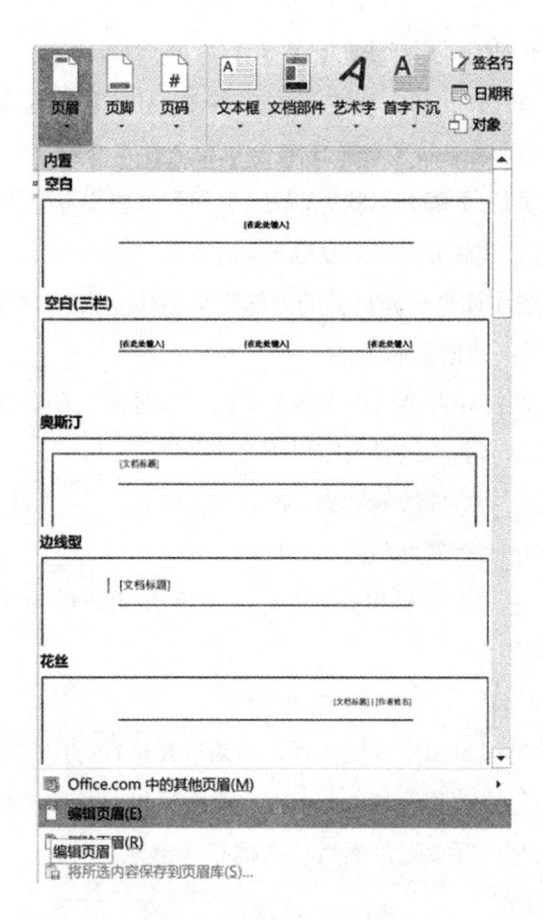

图 3-21 "页眉"下拉列表

第二，在页眉编辑区中输入页眉的内容，同时 Word 会自动添加"页眉和页脚"→"设计"选项卡，如图 3-22 所示。

图 3-22 "页眉和页脚"→"设计"选项卡

第三，若要输入页脚的内容，可单击"导航"工具组中的"转至页脚"按钮，在页脚编辑区中输入文字或插入图形内容。

（2）首页不同的页眉/页脚

对于论文、书刊、信件、报告或总结等 Word 文档，通常需要去掉首页的页眉/页脚，这时可以按以下步骤操作：

第一，进入页眉/页脚编辑状态，在"页眉和页脚"→"设计"选项卡的"选项"工具组中选中"首页不同"复选框。

第二，按上述添加页眉和页脚的方法在页眉/页脚编辑区中输入页眉/页脚。

（3）奇偶页不同的页眉/页脚

对于进行双面打印并装订的 Word 文档，有时需要在奇数页上打印书名、在偶数页上打印章节名，这时可按以下步骤操作：

第一，进入页眉/页脚编辑状态，在"页眉和页脚"→"设计"选项卡的"选项"工具组中选中"奇偶页不同"复选框。

第二，按上述添加页眉和页脚的方法在页眉/页脚编辑区中分别输入奇数页和偶数页的页眉/页脚。

5.预览与打印

在完成文档的编辑和排版操作后，必须对其进行打印预览。如果用户不满意效果还可以进行修改和调整，直到用户满意后再对打印文档的页面范围、打印份数和纸张大小进行设置，然后将文档打印出来。

（1）预览文档

在打印文档之前用户可使用打印预览功能查看文档效果。打印预览的显示与实际打印的真实效果基本一致，使用该功能可以避免打印失误或不必要的损失。同时，在预览窗格中还可以对文档进行编辑，以得到满意的效果。

用户单击"文件"按钮，在打开的 Backstage 视图左侧列表中选择"打印"命令，可弹出打印界面。打印界面包含 3 个部分，左侧的 Backstage 视图选项列表、中间的"打印"命令选项栏和右侧的效果预览窗格，如图 3-23 所示，用户可在右侧的窗格中预览打印效果。

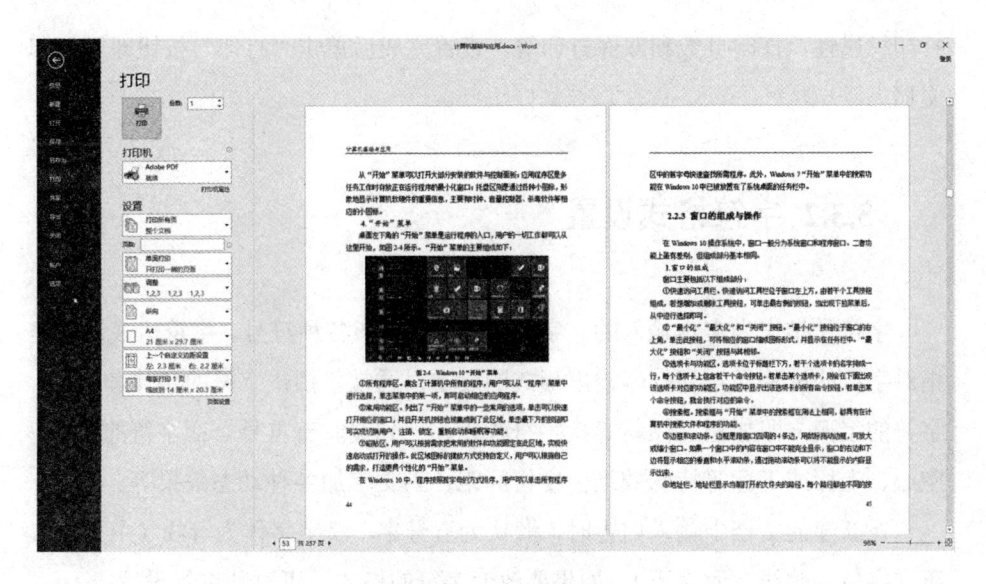

图 3-23　打印预览

在打印预览窗格中，如果用户看不清预览的文档，可多次单击预览窗格右下方的"显示比例"工具右侧的"＋"号按钮，使之达到合适的缩放比例以便进行查看。而单击"显示比例"工具左侧的"－"号按钮，可以使文档缩小至合适大小，以便实现多页方式查看文档效果。拖动"显示比例"滑块同样可以对文档的缩放比例进行调整。此外，单击"＋"号按钮右侧的"缩放到页面"按钮，可以预览文档的整个页面。

在打印预览窗格中用户可进行以下几种操作：

①通过使用"显示比例"工具可设置适当的缩放比例进行查看。

②在预览窗格的左下方可查看到文档的总页数，以及当前预览文档的页码。

③通过拖动"显示比例"滑块可以实现文档的单页、双页或多页方式查看。

③在中间命令选项栏的底部单击"页面设置"选项，可打开"页面设置"对话框，使用此对话框可以对文档的页面格式进行重新设置和修改。

（2）打印文档

在预览效果满足要求后，用户即可对文档实施打印，打印的操作方法如下：

在打开的"打印"界面中，在中间的"打印"命令选项栏设置打印份数、

113

打印机属性、打印页数和双面打印等，设置完成后单击"打印"按钮即可打印文档。

3.3.2 字符格式设置

字符是指作为文本输入的文字、标点、数字和各种符号。字符格式设置是指对字符的屏幕显示和打印输出形式的设定，通常包括：字符的字体和字号；字符的字形，即加粗、倾斜等；字符颜色、下划线、着重号等；字符的阴影、空心、上标或下标等特殊效果；字符间距；为文字加各种动态效果等。

在新建的文档中输入内容时，默认为五号字，汉字字体为等线（中文正），英文字体为等线（西文正）。如果要改变字符的格式，可对其进行设置。

在设置字符格式时要先选定需要设置格式的字符，如果在设置之前没有选定任何字符，则设置的格式对后来输入的文字有效。

设置字符格式主要有两种方法：

①利用"字体"工具组：在"开始"选项卡的"字体"工具组中单击相应的命令按钮进行设置，如图 3-24 所示。

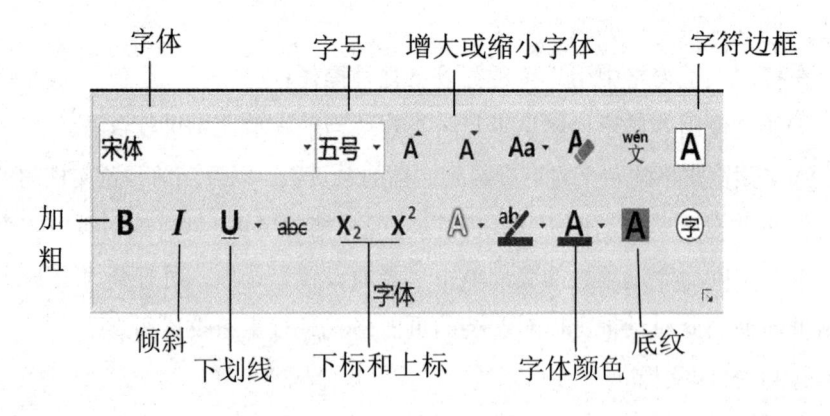

图 3-24 "字体"工具组

②利用"字体"对话框：单击"字体"工具组右下角的"对话框启动器"

按钮，打开"字体"对话框进行设置，如图 3-25 所示。

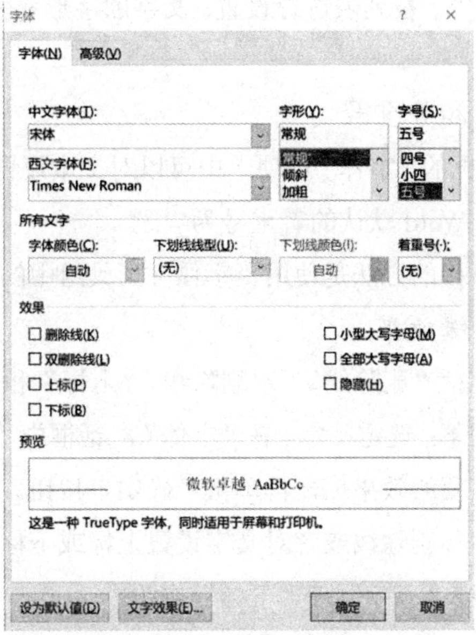

图 3-25　"字体"对话框

1. 设置字体和字号

字体和字号的设置可以分别用"字体"工具组中的"字体""字号"按钮或者"字体"对话框中的"字体"和"字号"下拉列表实现。其中，在对话框中设置字体时，中文和西文字体可分别进行设置。在"字体"下拉列表中列出了可以使用的字体，包括汉字和西文，在列出字体名称的同时还会显示该字体的实际外观。

在设置字号时可以使用中文格式，以"号"作为字号单位，如"初号""五号""八号"等，"初号"为最大，"八号"为最小；也可以使用数字格式，以"磅"作为字号单位，如"5"表示 5 磅、"72"表示 72 磅等，72 磅为最大，5 磅为最小。

2. 设置字形和颜色

文字的字形包括常规、倾斜、加粗和加粗倾斜 4 种，可使用"字体"工具组中的"加粗"按钮和"倾斜"按钮进行设置。字体的颜色可使用"字体"工具组中的"字体颜色"下拉列表进行设置。文字的字形和颜色还可通过"字体"对话框进行设置。

3.设置下划线和着重号

在"字体"对话框的"字体"选项卡中可以对文本设置不同类型的下划线，也可以设置着重号，Word默认的着重号为"."。

设置下划线最直接的方法是使用"字体"工具组中的"下划线"按钮。

4.设置文字特殊效果

文字特殊效果包括"删除线""双删除线""上标"和"下标"等。文字特殊效果的设置方法如下：选定文字，在"字体"对话框中"字体"选项卡的"效果"选项组中选择需要的效果项，再单击"确定"按钮。

如果只是对文字加删除线或者对文字设置上标或下标，可直接使用"字体"工具组中的"删除线""上标"或"下标"按钮。

5.设置文字间距

在"字体"对话框"高级"选项卡下的"字符间距"选项组中可设置文字的缩放、间距和位置，如图3-26所示。

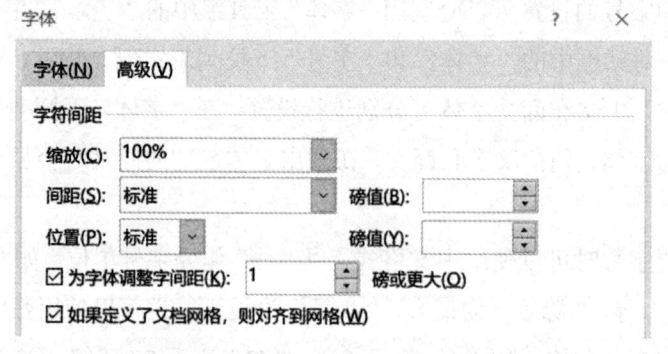

图3-26 "字体"对话框中的"高级"选项卡

6.设置字符边框和字符底纹

（1）设置字符边框

①给字符设置系统默认的边框：选定文字后直接在"开始"选项卡的"字

体"工具组中单击"字符边框"按钮。

②给文字设置用户自定义的边框：选定文字后，在"设计"选项卡的"页面背景"工具组中单击"页面边框"按钮（如图 3-27 所示），打开"边框和底纹"对话框，切换至"边框"选项卡；在"设置"选择区中选择方框类型，再设置方框的"样式""颜色"和"宽度"；在"应用于"下拉列表中选择"文字"选项（如图 3-28 所示），然后单击"确定"按钮。

图 3-27 "设计"选项卡的"页面背景"工具组

图 3-28 设置文字边框

（2）设置文字底纹

①给文字设置系统默认的底纹：选定文字后直接在"开始"选项卡的"字体"工具组中单击"字符底纹"按钮。

②给文字设置用户自定义的底纹：首先打开"边框和底纹"对话框，然后

切换至"底纹"选项卡；在"填充"工具组中选择"颜色"，或在"图案"工具组中选择"样式"；在"应用于"下拉列表中选择"文字"（如图3-29所示），然后单击"确定"按钮。

图 3-29　设置文字底纹

7.文字格式的复制和清除

（1）复制文字格式

复制格式需要使用"开始"选项卡"剪贴板"工具组中的"格式刷"按钮来完成，这个"格式刷"不仅可以复制文字格式，还可以复制段落格式。复制文字格式的操作如下：

第一，选定已设置好文字格式的文本。

第二，在"开始"选项卡的"剪贴板"工具组中单击或双击"格式刷"按钮，此时该按钮呈下沉显示，鼠标指针变成刷子形状。单击为一次复制文字格式，双击为多次复制文字格式。

第三，将光标移动到需要复制文字格式的文本的开始处，按住左键拖动鼠标直到需要复制文字格式的文本结尾处，然后释放鼠标，完成格式复制。

第四，若是多次复制，当复制完成后还需要再次单击"格式刷"按钮结束格式的复制状态。

（2）清除文字格式

文字格式的清除是指将用户所设置的格式恢复到默认状态，可以使用以下两种方法：

①选定需要使用默认格式的文本，然后用格式刷将该格式复制到**要清除格式的文本**。

②选定需要清除格式的文本，然后在"开始"选项卡的"字体"工具组中单击"清除所有格式"按钮或按"Ctrl＋Shift＋Z"组合键。

3.3.3 段落格式设置

段落指文字、符号或其他项目与最后的那个段落结束标记的集合。段落结束标记标识一个段落的结束，还存储着这一段落的格式设置信息。

段落格式的设置包括对齐方式、缩进方式、段间距与行距、项目符号与编号以及段落边框和段落底纹等的设置。段落格式设置一般是针对插入点所在段落或选定的几个段落而言的。

设置段落格式常使用两种方法：一是在"开始"选项卡的"段落"工具组中单击相应按钮进行设置，如图 3-30 所示；二是单击"段落"工具组右下角的"段落设置"按钮，打开"段落"对话框进行设置，如图 3-31 所示。

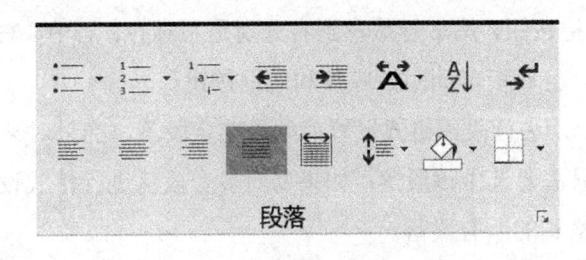

图 3-30　"段落"工具组按钮

图 3-31 "段落"对话框

"开始"选项卡"段落"工具组中的按钮分两行，第 1 行从左到右分别是项目符号、编号、多级列表、减少缩进量、增加缩进量、中文版式、排序和显示/隐藏编辑标记按钮，第 2 行从左到右分别是左对齐、居中、右对齐、两端对齐、分散对齐、行和段落间距、底纹和边框按钮。

在 Word 中，进行段落格式设置前须先选定段落，当只对某一个段落进行格式设置时，只需要选中该段落；如果要对多个段落进行格式设置，则必须先选定需要设置格式的所有段落。

1.设置对齐方式

Word 段落的对齐方式有"两端对齐""左对齐""居中""右对齐"和"分

散对齐"5 种。设置对齐方式的操作方法如下：

①选定需要设置对齐方式的段落，在"开始"选项卡的"段落"工具组中单击相应的对齐方式按钮即可。

②选定需要设置对齐方式的段落，在"段落"对话框"缩进和间距"选项卡的"常规"工具组中，单击"对齐方式"下拉按钮，在下拉列表中选定用户所需的对齐方式后，单击"确定"按钮。

2.设置缩进方式

（1）缩进方式

段落缩进方式共有 4 种，分别是首行缩进、悬挂缩进、左缩进和右缩进。

①首行缩进：当实施首行缩进操作后，被操作段落的第一行相对于其他行向右侧缩进一定距离。

②悬挂缩进：悬挂缩进与首行缩进相对应，当实施悬挂缩进操作后，各段落除第一行以外的其余行向右侧缩进一定距离。

③左缩进：当实施左缩进操作后，被操作段落会整体向右侧缩进一定的距离。左缩进的数值可以为正数也可以为负数。

④右缩进：右缩进与左缩进相对应，当实施右缩进操作后，被操作段落会整体向左侧缩进一定的距离。右缩进的数值可以为正数也可以为负数。

（2）通过标尺进行缩进

操作如下：选定需要设置缩进方式的段落，拖动水平标尺（横排文本时）或垂直标尺（纵排文本时）上的相应滑块到合适的位置，在拖动滑块的过程中如果按住 Alt 键，可同时看到拖动的数值。

在水平标尺上有 3 个缩进滑块（其中悬挂缩进和左缩进共用一个缩进滑块），如图 3-32 所示，但可进行 4 种缩进，即首行缩进、悬挂缩进、左缩进和右缩进。用鼠标拖动首行缩进滑块，用于控制段落的第一行第一个字的起始位置；用鼠标拖动左缩进滑块，用于控制段落的第一行以外的其他行的起始位置；用鼠标拖动右缩进滑块，用于控制段落右缩进的位置。

计算机基础与应用

悬挂缩进 首行缩进

左缩进　　　　　　　　　　　　　　　　　　　右缩进

图 3-32　缩进滑块

（3）通过"段落"对话框进行缩进

操作如下：选定需要设置缩进方式的段落，打开"段落"对话框，切换至"缩进和间距"选项卡，如图 3-33 所示；在"缩进"选项区中，设置相关的缩进值，然后单击"确定"按钮。

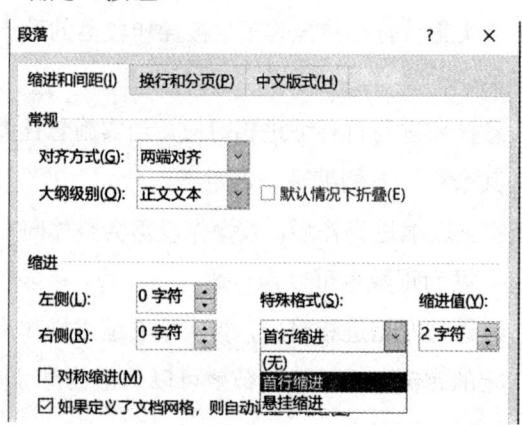

图 3-33　"段落"对话框的"缩进和间距"选项卡

（4）通过"段落"工具组按钮进行缩进

操作如下：选定需要设置缩进方式的段落，通过单击"减少缩进量"按钮或"增加缩进量"按钮进行缩进操作。

3.设置段间距和行距

段间距指段与段之间的距离，包括段前间距和段后间距。段前间距是指选定段落与前一段落之间的距离；段后间距是指选定段落与后一段落之间的距离。

行距指各行之间的距离，包括单倍行距、1.5 倍行距、2 倍行距、多倍行距、最小值和固定值。

段间距和行距的设置方法如下：

①选定需要设置段间距和行距的段落，打开"段落"对话框，切换至"缩进和间距"选项卡；在"间距"选项组中设置"段前"和"段后"间距，在"行距"选项组中设置"行距"，如图 3-34 所示。

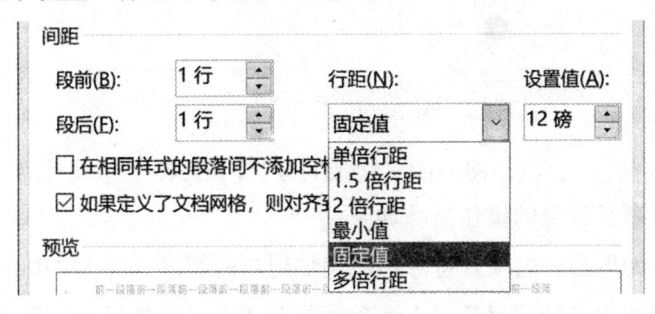

图 3-34 "段落"对话框设置段间距和行距

②选定需要设置段间距和行距的段落，在"开始"选项卡的"段落"工具组中单击"行和段落间距"按钮，在打开的下拉列表中选择段间距和行距。

4.设置项目符号和编号

使用项目符号和编号可以使文档条理清晰并突出重点。项目符号是一种平行排列标志，编号则能表示出先后顺序，因此在 Word 中经常使用。

对于添加项目符号或编号，用户可以在"段落"工具组中单击相应的按钮实现，还可以使用自动添加的方法。

（1）自动建立项目符号和编号

如果用户要自动创建项目符号和编号，应在输入文本前先输入一个项目符号或编号，跟一个空格，再输入相应的文本，待本段落输入完成后按 Enter 键，项目符号和编号会自动添加到下一并列段的开头。

（2）设置项目符号

操作如下：选定需要设置项目符号的文本段，单击"段落"工具组中的"项目符号"下拉按钮，在打开的"项目符号库"列表中单击选择一种需要的项目符号，如图 3-35 所示，在插入的同时系统会自动关闭"项目符号库"列表。

图 3-35 "项目符号"下拉列表

自定义项目符号的操作步骤如下：

第一，如果给出的项目符号不能满足用户的要求，可在"项目符号"下拉列表中选择"定义新项目符号"选项，打开"定义新项目符号"对话框。

第二，在打开的"定义新项目符号"对话框中单击"符号"按钮，打开"符号"对话框（如图 3-36 所示）；选择一种符号，单击"确定"按钮，返回"定义新项目符号"对话框。

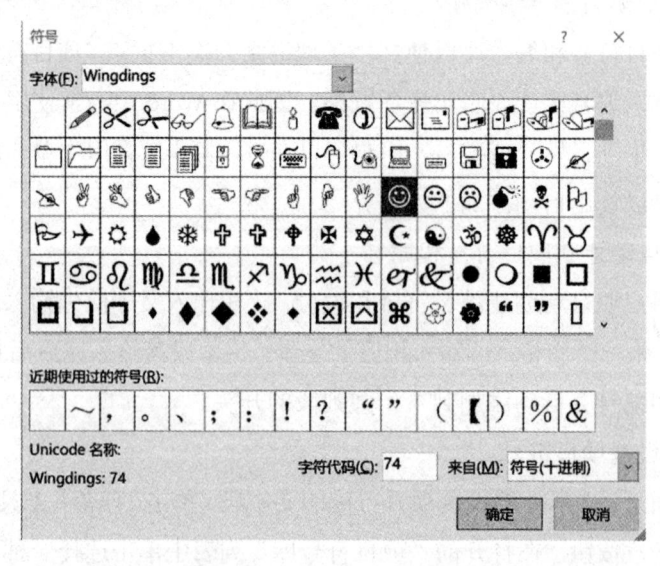

图 3-36 "符号"对话框

第三，单击"字体"按钮，打开"字体"对话框，可以为符号设置颜色；在设置完毕后单击"确定"按钮，返回"定义新项目符号"对话框。

第四，选择一种符号，单击"确定"按钮，插入项目符号的同时关闭对话框。

(3) 设置编号

设置编号的一般方法是在"段落"工具组中单击"编号"的下拉按钮，打开"编号库"下拉列表，从现有编号列表中选择一种需要的编号，然后单击"确定"按钮。

自定义编号的操作步骤如下：

第一，如果现有编号列表中的编号样式不能满足用户的要求，则在"编号"下拉列表中选择"定义新编号格式"选项，打开"定义新编号格式"对话框，如图 3-37 所示。

图 3-37 "定义新编号格式"对话框

第二，在"编号格式"选项组的"编号样式"下拉列表中选择一种编号样式。

第三，在"编号格式"选项组中单击"字体"按钮，打开"字体"对话框，对编号的字体和颜色进行设置。

第四，在"对齐方式"下拉列表中选择一种对齐方式。

第五，当设置完成后单击"确定"按钮，在插入编号的同时系统会自动关闭对话框。

5.设置段落边框和段落底纹

在 Word 中，边框的设置对象可以是文字、段落、页面和表格，底纹的设置对象可以是文字、段落和表格。

（1）设置段落边框

操作如下：选定需要设置边框的段落，在打开的"边框和底纹"对话框中切换至"边框"选项卡；在"设置"选项组中选择边框类型，然后选择边框"样式""颜色"和"宽度"；在"应用于"下拉列表框中选择"段落"选项，然后单击"确定"按钮。

（2）设置段落底纹

操作如下：选定需要设置底纹的段落，在"边框和底纹"对话框中切换至"底纹"选项卡；在"填充"下拉列表框中选择一种填充色，或者在"图案"组中选择"样式"和"颜色"；在"应用于"下拉列表框中选择"段落"，单击"确定"按钮。

（3）设置页面边框

操作如下：将插入点定位在文档中的任意位置，打开"边框和底纹"对话框，切换至"页面边框"选项卡，可以设置普通页面边框，也可以设置"艺术型"页面边框。

取消边框或底纹的操作是先选择带边框和底纹的对象，然后打开"边框和底纹"对话框，将边框设置为"无"，将底纹设置为"无填充颜色"即可。

3.4 Word 2016 表格处理

在文档中,表格是一种简明扼要的表达方式,它以行和列的形式组织信息,结构严谨,效果直观。一张表格常常可以代表大篇的文字描述,所以在各种经济、科技等书刊和文章中表格的使用越来越普遍。

3.4.1 插入表格

1. 表格工具

在 Word 文档中插入表格后,工具栏会增加一个"表格工具"→"设计/布局"选项卡。

"表格工具"→"设计"选项卡中包括"表格样式选项""表格样式"和"边框"3 个工具组,如图 3-38 所示。其中,"表格样式"工具组提供了"普通表格""网格表"和"清单表"3 类共 105 个内置表格样式,便于用户应用各种表格样式以及设置表格底纹;"边框"工具组可方便用户快速地绘制表格,设置表格边框。

图 3-38 "表格工具"→"设计"选项卡

"表格工具"→"布局"选项卡中包括"表""绘图""行和列""合并""单元格大小""对齐方式"和"数据"7 个工具组,主要提供表格布局方面的功能,如图 3-39 所示。"表"工具组用于方便地查看和定位表对象,"绘图"工具组用于快速地绘制表格,"行和列"工具组用于方便地增加或删除表格中的行和列,"合并"工具组用于合并或拆分单元格,"单元格大小"工具组用于调整行高和列宽，"对齐方式"工具组提供了文字在单元格内的对齐方式和文字方向，"数据"工具组用于数据计算和排序等。

图3-39 "表格工具"→"布局"选项卡

2.建立表格

用户在"插入"选项卡的"表格"工具组中单击"表格"按钮，在弹出的下拉列表中选择不同的选项，可用不同的方法建立表格。

（1）拖动法

操作如下：将光标定位到需要添加表格的位置，单击"表格"按钮，在弹出的下拉列表中按住鼠标左键拖动设置表格中的行和列，此时可在下拉列表的"表格"区中预览到表格的行数、列数，待行数、列数满足要求后释放鼠标左键，即可在光标定位处插入一个空白表格。用这种方法建立的表格不能超过8行10列。

（2）对话框法

操作如下：在"表格"下拉列表中选择"插入表格"选项，打开"插入表格"对话框，如图3-40所示，输入或选择列数、行数及设置相关参数，然后单击"确定"按钮，即可在光标指定位置插入一个空白表格。

图3-40 "插入表格"对话框

（3）手动绘制法

操作如下：在"表格"下拉列表中选择"绘制表格"选项，鼠标指针变成铅笔状，同时系统会自动弹出"表格工具"→"设计/布局"选项卡；然后用铅笔状鼠标指针可在文档中的任意位置绘制表格，并且可以利用展开的"表格工具"→"设计/布局"选项卡中的相应按钮设置表格边框线或擦除绘制错误的表格线等。

（4）将文本转换成表格

在 Word 中，用户可以将一个具有一定行、列宽度的格式文本转换成多行多列的表格。操作步骤如下：

第一，选中需要转换成表格的文本，如图 3-41 所示。

图 3-41　选中需要转换成表格的文本

第二，在"插入"选项卡的"表格"工具组中单击"表格"按钮，在弹出的下拉列表中选择"文本转换成表格"选项。

第三，打开"将文本转换成表格"对话框，选择一种文字分隔符，如图 3-42 所示。

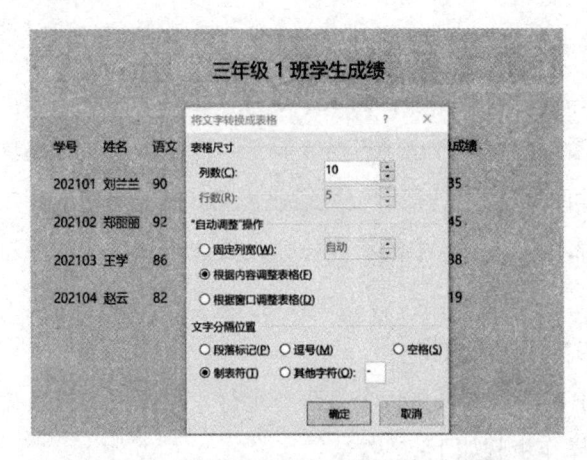

图3-42 "将文字转换成表格"对话框

第四，单击"确定"按钮关闭对话框，转换后的表格如图3-43所示。

学号	姓名	语文	数学	英语	音乐	体育	美术	道法	总成绩
202101	刘兰兰	90	91	89	90	95	80	100	635
202102	郑丽丽	92	90	93	95	90	85	100	645
202103	王学	86	88	89	85	95	95	100	638
202104	赵云	82	90	90	90	80	87	100	619

三年级1班学生成绩

图3-43 转换后的表格

3.4.2 编辑表格

在Word中对表格的编辑操作包括调整表格的行高与列宽、插入或删除行与列、对表格的单元格进行拆分和合并等。

1.选定表格的编辑区

如果要对表格进行编辑操作,需要先选定表格编辑区。选定表格编辑区的方法如下:

①选中一个单元格:用鼠标指向单元格的左侧,当鼠标指针变成实心斜向上的箭头时单击。

②选中整行:用鼠标指向行左侧,当鼠标指针变成空心斜向上的箭头时单击。

③选中整列:用鼠标指向列上边界,当鼠标指针变成实心垂直向下的箭头时单击。

④选中连续多个单元格:用鼠标从左上角单元格拖动到右下角单元格,或按住 Shift 键选定。

⑤选中不连续多个单元格:按住 Ctrl 键用鼠标分别选定每个单元格。

⑥选中整个表格:将鼠标定位在单元格中,单击表格左上角出现的移动控制点。

2.调整行高和列宽

调整行高和列宽有以下 3 种方法:

(1)用鼠标在表格线上拖动

第一,移动鼠标指针到要改变行高或列宽的行表格线或列表格线上。

第二,当鼠标指针变成左右双箭头形状时,按住鼠标左键拖动行表格线或列表格线,当行高或列宽合适后释放鼠标左键。

(2)用鼠标在标尺的行列标记上拖动

第一,先选中表格或单击表格中任意单元格。

第二,分别沿水平或垂直方向拖动标尺的列标记或行标记用于调整列宽和行高。

(3)用"表格属性"对话框

用"表格属性"对话框可以对选定区域或整个表格的行高和列宽进行精确设置,其操作步骤如下:

第一，选中需要设置行高或列宽的区域。

第二，在"表格工具"→"布局"选项卡的"表"工具组中单击"属性"按钮，打开"表格属性"对话框，切换到"行"或"列"选项卡，对"指定高度"或"指定宽度"的行高或列宽进行精确设置，如图3-44所示。

图 3-44　设置行高或列宽

第三，单击"确定"按钮。

3.删除行或列

删除行或列有以下2种方法：

（1）使用功能按钮

第一，选中需要删除的行或列，在"表格工具"→"布局"选项卡的"行和列"工具组中单击"删除"按钮。

第二，在弹出下的拉列表中选择"删除行"或"删除列"选项，即可删除选定的行或列。该下拉列表中还有"删除单元格"和"删除表格"选项。

（2）使用快捷菜单

第一，右击表格中需要删除的行或列，在弹出的快捷菜单中选择"删除单元格"命令。

第二，打开"删除单元格"对话框，选中"删除整行"或"删除整列"单选按钮，即可删除选中的行或列。

4.插入行或列

插入行或列有以下 3 种方法：

（1）使用功能按钮

第一，选中表格中的一行（或多行）或一列（或多列），激活"表格工具"→"布局"选项卡。

第二，在"行和列"工具组中选择在"在上方插入行"或"在下方插入行"，"在左侧插入列"或"在右侧插入列"，如果选中的是多行多列，则插入的也是同样数目的多行多列。

（2）使用快捷菜单

第一，右击表格中的一行（或多行）或一列（或多列）。

第二，在弹出的快捷菜单中选择"插入"命令，然后在打开的级联菜单中选择相应的命令，便可在指定位置插入一行（或多行）或一列（或多列）。

（3）在表格底部添加空白行

在表格底部添加空白行，可以使用下面 2 种更简单的方法：

①将插入点移到表格右下角的单元格中，然后按 Tab 键。

②将插入点移到表格最后一行右侧的行结束处，然后按 Enter 键。

5.合并和拆分单元格

用户使用合并和拆分单元格功能可以将表格变成不规则的复杂表格。

（1）合并单元格

第一，选定需要合并的多个单元格，激活"表格工具"→"布局"选项卡。

第二，在"合并"工具组中单击"合并单元格"按钮，或右击选中的单元格，在弹出的快捷菜单中选择"合并单元格"命令，选定的多个单元格将被合并成为一个单元格。

（2）拆分单元格

第一，选定需要拆分的单元格。

第二，在"表格工具"→"布局"选项卡的"合并"工具组中单击"拆分单元格"按钮；或右击选中的单元格，在弹出的快捷菜单中选择"拆分单元格"命令，打开"拆分单元格"对话框，在该对话框中输入要拆分的行数和列数，然后单击"确定"按钮。

3.4.3 设置表格格式

在创建一个表格后，就要对表格进行格式设置了。表格格式设置仍需利用"表格工具"→"设计"选项卡或"表格工具"→"布局"选项卡中的相应功能按钮完成。

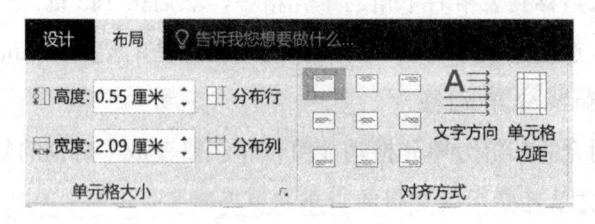

1. 设置单元格对齐方式

单元格对齐方式有 9 种。设置单元格对齐方式的操作如下：选定需要设置对齐方式的单元格区域，在"对齐方式"工具组中单击相应的对齐方式按钮，如图 3-45 所示；或右击选中的单元格区域，在弹出的快捷菜单中选择"单元格对齐方式"命令，然后在打开的 9 个选项中选择一种对齐方式。

图 3-45　单元格对齐方式

2. 设置边框和底纹

（1）设置表格边框

第一，选定需要设置边框的单元格区域或整个表格。

第二，在"表格工具"→"设计"选项卡的"边框"工具组中选择"边框样式"、边框线粗细和笔颜色(即边框线颜色)。

第三,在"表格工具"→"设计"选项卡的"边框"工具组中单击"边框"的下三角按钮,在打开的下拉列表中选择相应的表格边框线,如图3-46所示。

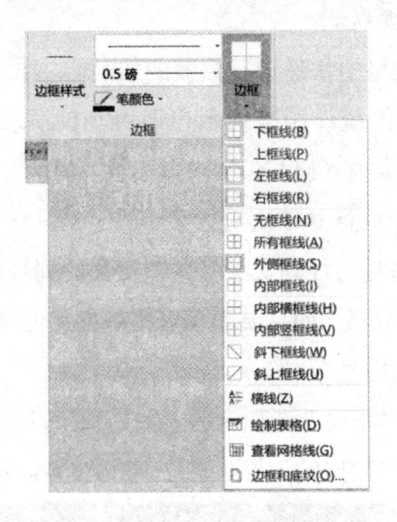

图3-46 "边框"下拉列表

(2)设置表格底纹

第一,选定需要设置底纹的单元格区域或整个表格。

第二,在"表格工具"→"设计"选项卡的"表格样式"工具组中单击"底纹"按钮,从打开的下拉列表中选择一种颜色。

3.设置表格样式

在"表格工具"→"设计"选项卡的"表格样式"工具组中单击"其他"按钮,在弹出的下拉列表中列出了105种表格样式,选择其中任何一种,可将表格设置为指定的表格样式。

4.设置文字排列方向

单元格中文字的排列方向分为横向和纵向两种,其设置方法是在"表格工具"→"布局"选项卡的"对齐方式"工具组中单击"文字方向"按钮。

3.4.4 表格中的数据统计和排序

1.表格中的数据统计

Word 提供了在表格中快速进行数值的加、减、乘、除及求平均值等计算的功能，还提供了常用的统计函数供用户调用，包括求和（SUM）、求平均值（AVERAGE）、求最大值（MAX）、求最小值（MIN）和条件函数（IF）等。同 Excel 一样，表格中的行号依次用数字 1、2、3 等表示；列号依次用字母 A、B、C 等表示；单元格号为行列交叉号，即交叉的列号加上行号，如"H5"表示第 H 列第 5 行的单元格。如果要表示表格中的单元格区域，可采用"左上角单元格号:右下角单元格号"。

"表格工具"→"布局"选项卡的"数据"工具组中，"公式"和"排序"按钮可分别用于表格中数据的计算和排序，如图 3-47 所示。

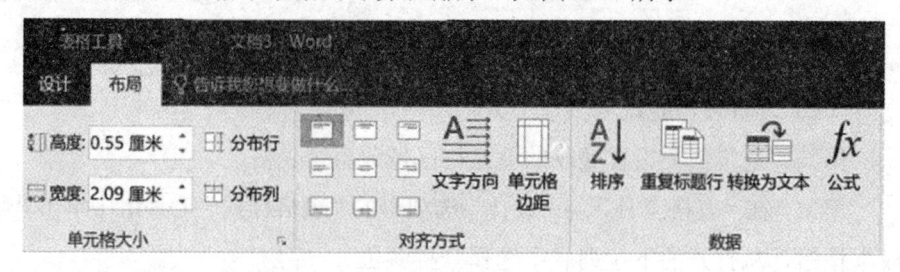

图 3-47 "数据"工具组

2.表格中的数据排序

具体操作如下：选中表格中的任意单元格；在"表格工具"→"布局"选项卡的"数据"工具组中单击"排序"按钮，打开"排序"对话框；依次选择"主要关键字"，并选中"降序"或"升序"单选按钮；选择"次要关键字"，并选中单选按钮；"类型"均选择"数字"；单击"确定"按钮关闭对话框即可。

3.5 Word 2016 图文混排

Word 2016 具有强大的图形处理功能，它不仅提供了大量图形及多种形式的艺术字，而且支持多种绘图软件创建的图形，从而帮助用户轻而易举地实现图片和文字的混排。

3.5.1 插入图片与图文混排

1. 插入图片的方法

单击"插入"选项卡，选择"插图"工具组中的相应命令（如图 3-48 所示），即可插入相应的图片。"插图"工具组包括图片、联机图片、形状、SmartArt、图表和屏幕截图 6 个命令按钮。

图 3-48 "插图"工具组

（1）插入图片

在"插入"选项卡的"插图"工具组中单击"图片"按钮，打开"插入图片"对话框，根据图片存放位置查找并选择所需图片，单击"插入"按钮即可插入图片。插入的图片默认为"嵌入型"，即嵌于文字所在的那一层。Word 中的图片或图形还可以浮于文字之上或衬于文字之下。

（2）插入"联机图片"

计算机必须处于联网状态才能插入联机图片。操作步骤如下：

第一，定位插入点到需要插入联机图片的位置，在"插入"选项卡的"插图"工具组中单击"图片"按钮,在弹出的下拉列表中选择"联机图片"选项。

第二,打开"插入图片"对话框,在"bing 图像搜索"文本框中输入想要插入的图片关键词。

第三,打开对话框,选择某个图片单击"插入"按钮,关闭对话框即可完成。

(3)插入形状

"形状"命令可以应用系统提供的各种工具绘制图形,单击下面的箭头可出现"最近使用的形状""线条""矩形""基本形状""箭头汇总""公式形状""流程图""星与旗帜""标注",单击待选形状即可描绘图形,如图 3-49 所示。

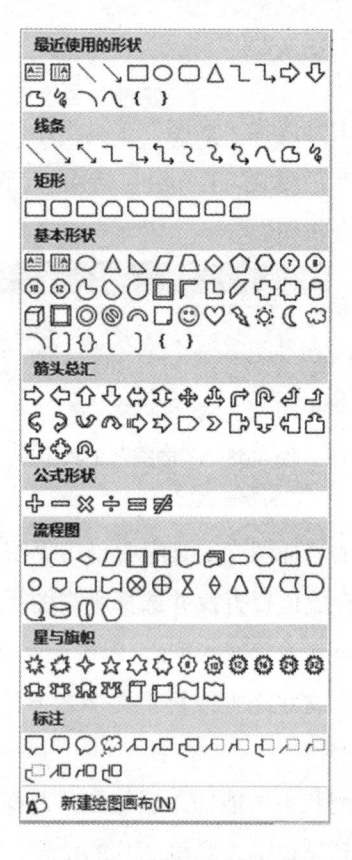

图 3-49 "形状"下拉列表

（4）插入 SmartArt 图形

SmartArt 图形用一些特定的图形效果样式来显示文本信息。Word 2016 提供了 8 种 SmartArt 图形样式，包括列表、流程、循环、层次结构、关系、矩阵、棱锥图、图片等。不同的样式可以表达不同的意思，用户可以根据需要选择合适的 SmartArt 图形。

2.图片的编辑和格式化

对 Word 文档中插入的图片，用户可以进行编辑和格式化，具体包括：

①缩放、裁剪、复制、移动、旋转等编辑操作。

②组合与取消组合、叠放次序、文字环绕方式等图文混排操作。

③图片样式、填充、边框线、颜色、对比度、水印等格式化操作。

3.5.2 插入艺术字

在报纸杂志上，人们经常会看到形式多样的艺术字，这些艺术字可以给文章增添强烈的视觉冲击效果。使用 Word 2016 可以创建出形式多样的艺术字效果，甚至可以把文本扭曲成各种各样的形状或设置出具有三维轮廓的效果。

插入艺术字的操作步骤如下：

（1）创建艺术字

创建艺术字的方法通常有两种：一种是先选中文字，再将选中的文字转换为艺术字样式；另一种是先选择艺术字样式，再输入文字。

（2）对艺术字进行编辑和格式化设置

选中艺术字，Word 会弹出"绘图工具"→"格式"选项卡，选项卡包括"艺术字样式""文本""排列"和"大小"等 6 个工具组。利用各工具组中的命令按钮用户可以对艺术字进行编辑和格式化设置。

3.5.3 使用文本框

文本框是实现图文混排非常有用的工具，它如同一个容器，在其中可以插入文字、表格、图形等不同的对象，可置于页面的任何位置，并可随意调整其大小，放到文本框中的对象会随着文本框一起移动。在 Word 中，文本框用来建立特殊的文本，并且可以对其进行一些特殊处理，如设置边框、颜色和版式格式等。

用户除了可以插入内置的文本框，还可以根据需要手动绘制横排或竖排文本框。文本框主要用于插入图片、表格和文本等对象。

第 4 章 Excel 2016 电子表格处理

Excel 2016 是微软公司 Office 2016 系列办公软件的重要组成部分，是一款集数据表格、数据库、图表等于一身的优秀电子表格软件。其功能强大，技术先进，使用方便，不仅具有 Word 表格的数据编排功能，而且提供了丰富的函数和强大的数据分析工具，可以简单、快捷地对各种数据进行处理、统计和分析，可以通过各种统计图表的形式把数据形象地表示出来。由于 Excel 2016 可以使用户轻松愉快地组织、计算和分析各种类型的数据，因此它被广泛应用于财务、行政、金融、统计和审计等众多领域。

【学习目标】
- 理解 Excel 2016 电子表格的基本功能。
- 掌握 Excel 2016 的基本操作以及编辑、管理和格式化工作表的方法。
- 掌握公式、函数和图表的使用方法。
- 掌握常用的数据管理与分析方法。

4.1 Excel 2016 概述

Excel 2016 是一款非常出色的电子表格软件，它具有界面友好、操作简便、易学易用等特点，在人们的工作、学习和生活中起着越来越重要的作用。

4.1.1 Excel 2016 的基本功能

Excel 2016 到底能够解决我们日常工作中的哪些问题呢？下面简要介绍其 4 个方面的实际应用。

（1）表格制作

制作或者填写一个表格是用户经常遇到的工作内容，手工制作表格不仅效率低，而且格式单调，难以制作出一个好的表格。但是，用户利用 Excel 2016 提供的丰富功能可以轻松、方便地制作出具有较高专业水准的电子表格，以满足用户的各种需要。

（2）数据运算

在 Excel 2016 中，用户不仅可以使用自己定义的公式，而且可以使用系统提供的 9 大类函数，以完成各种复杂的数据运算。

（3）数据处理

日常生活中有许多数据都需要处理，Excel 2016 具有强大的数据库管理功能，利用它提供的有关数据库操作的命令和函数可以十分方便地完成排序、筛选、分类汇总、查询及数据透视表等操作，Excel 2016 的应用也因此更加广泛。

（4）建立图表

Excel 2016 提供了 14 大类图表，每一大类又有若干子类。用户只需使用系统提供的图表向导功能和选择表格中的数据就可方便、快捷地建立一个既实用又具有多种风格的图表。使用图表可以直观地表达工作表中的数据，增加了数据的可读性。

4.1.2 Excel 2016 的窗口

Excel 2016 的工作界面与 Word 2016 有相似之处，但也有自己的特色。Excel 2016 窗口由标题栏、选项卡、功能区、数据编辑区、工作表、工作表标

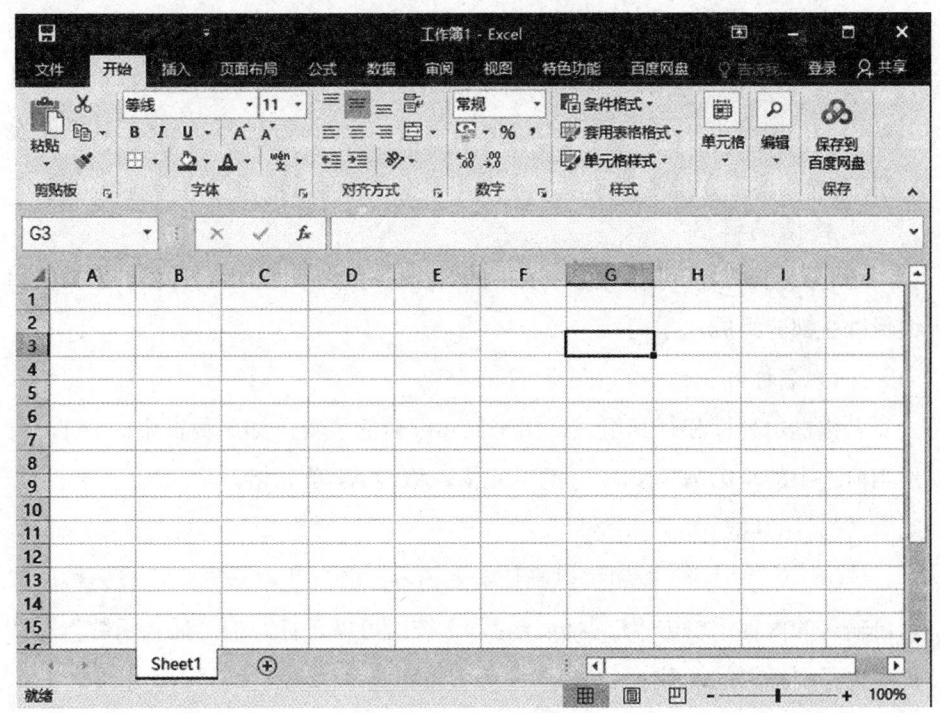

签和状态栏等组成，如图 4-1 所示。

图 4-1　Excel 2016 窗口

1.标题栏

标题栏位于窗口的最上端，从左至右显示的是快速访问工具栏、当前正打开的 Excel 文件名称、功能区显示选项按钮、最小化按钮、最大化/向下还原按钮和关闭按钮。

2."文件"按钮和选项卡

单击"文件"按钮，可打开 Backstage 视图，该视图用于完成文档的相关操作，如新建、打开、关闭和保存文档等。

在"文件"按钮右侧排列着"开始""插入""页面布局""公式""数据""审阅"和"视图"选项卡，单击不同的选项卡，可以打开相应的命令，这些命令按钮按功能显示在不同的功能区中。

3.功能区

同一类操作命令会放在同一个功能区中。例如,"开始"选项卡主要包括"剪贴板""字体""对齐方式""数字""样式""单元格"和"编辑"等工具组。在工具组右下角有带标记的按钮,单击此按钮将弹出对应此工具组的设置对话框。

4.数据编辑区

通过数据编辑区可以对工作表中的数据进行编辑。它由名称框、工具框和编辑框3部分组成。

(1)名称框

名称框由列标和行标组成,用来显示编辑的位置,如名称框中的A1,表示当前选中的是第A列第1行的单元格,称为A1单元格。

(2)工具框

单击"√(输入)"按钮可以确认输入内容;单击"×(取消)"按钮可以取消已输入的内容;单击"f_x(插入函数)"按钮可以在打开的"插入函数"对话框中选择要插入的函数。

(3)编辑框

编辑框中显示的是单元格中已输入或编辑的内容,也可以在此直接输入或编辑内容。例如,在A1单元格对应的编辑框内,可以输入数值、文本或者插入公式和函数等。

5.行标列标

行标在工作表的左侧,以数字形式显示;列标在工作表的上方,以大写英文字母形式显示。行标列表共同起到坐标的作用。

6.工作表

工作表是操作的主体,Excel中的表格、图形和图表就是放在工作表中,它由若干单元格组成。单元格是组成工作表的基本单位,用户可以在单元格中编辑数字和文本,也可以在单元格区域插入和编辑图表等。

7. 状态栏

状态栏位于窗口的最下端，左侧显示当前光标插入点的位置等，右侧显示视图按钮和比例尺等。

8. 视图按钮

点击视图按钮用户可以选择普通视图、页面布局和分页预览视图等。

9. 显示比例拖动条

用户可以拖动此控制条来调整工作表显示的缩放大小，右侧显示缩放比例。

4.1.3 Excel 电子表格的结构

1. 工作簿

工作簿是计算和存储数据的 Excel 文件，是 Excel 2016 文档中一个或多个工作表的集合，其扩展名为".xlsx"。每一个工作簿可由一个或多个工作表组成，新建的 Excel 文件时默认包含一个工作表（Sheet1），用户可根据需要插入或删除工作表。一个工作簿中最多可包含 255 个工作表，最少 1 个，Sheet1 默认为当前活动工作表。如果把一个 Excel 工作簿看成一个账本，那么一个工作表就相当于账本中的一页。

2. 工作表

工作表由行标、列标和网格线组成，即由单元格构成，也称为电子表格。一个 Excel 工作表最多有 1 048 576 行、16 348 列，即最多可以有 1 048 576×16 348 个单元格。行标用数字 1~1 048 576 表示，列标用字母 A~Z，AA~AZ，BA~BZ，…，XFD 表示。

3. 活动工作表

Excel 的工作簿中可以有多个工作表，但一般来说，只有一个工作表位于最前面，这个正处于操作状态的电子表格称为活动工作表。例如，单击工作表标签中的 Sheet2 标签，就可以将其设置为活动工作表。

4.单元格

单元格是组成工作表的基本元素,工作表中行列的交叉位置就是一个单元格。对于每一个单元格中的内容,用户可以设置格式,如字体、字号、对齐方式等。所以,一个单元格内输入和保存的数据,既可以包含文字、数字或公式,也可以包含图片和声音等。在 Excel 中,所有对工作表的操作都建立在对单元格操作的基础上,因此对单元格的选中与数据输入及编辑是最基本的操作。

5.单元格的地址

单元格的地址由"列标+行标"组成,如第 E 列第 5 行交叉处的单元格,其地址是 E5。单元格的地址可以作为变量名用在表达式中,如 A2+B3 表示将 A2 和 B3 这两个单元格的数值相加。单击某个单元格,该单元格就成为当前单元格,在该单元格右下角有一个小方块,这个小方块称为填充柄或复制柄,用来进行单元格内容的填充或复制。当前单元格和其他单元格的区别是呈突出显示状态。

6.单元格区域

在利用公式或函数进行运算时,若参与运算的是由若干相邻单元格组成的连续区域,可以使用区域的表示方法进行简化。只写出区域开始和结尾的两个单元格的地址,两个地址之间用英文冒号":"隔开,即可表示包括这两个单元格在内的它们之间所有的单元格。如表示 A1~A8 这 8 个单元格的连续区域可表示为 A1:A8。区域表示法有以下 3 种情况:

①同一行的连续单元格。如 A1:F1 表示第一行中的第 A 列到第 F 列的 6 个单元格,所有单元格都在同一行。

②同一列的连续单元格。如 A1:A10 表示第 A 列中的第 1 行到第 10 行的 10 个单元格,所有单元格都在同一列。

③矩形区域中的连续单元格。如 A1:C4 则表示以 A1 和 C4 作为对角线两端的矩形区域,共 3 列 4 行 12 个单元格。如果要对这 12 个单元格的数值求和,就可以使用求和函数 SUM(A1:C4)来实现。

4.2 Excel 2016 的基本操作

对工作簿的操作，也就是对 Excel 文档的操作，与 Word 操作基本相似。下面主要介绍工作簿的操作、工作表的操作、输入数据、编辑工作表和格式化工作表。

4.2.1 工作簿的操作

1. 创建工作簿文件

Excel 在启动后会自动创建一个空白工作簿文件，名为"工作簿 1"，等待用户输入信息。若用户要创建另一个工作簿，可以在"文件"菜单中选择"新建"命令来创建，也可以根据模板来创建带有样式的新工作簿，类型有会议议程、预算、日历、图表、费用报表、发票、备忘录、信件和信函、日常安排等，以提高办公效率。

2. 打开工作簿文件

单击"文件"按钮，从弹出的菜单中选择"打开"命令，或者按"Ctrl+O"快捷键，当出现"打开"对话框后，选定相应的文件夹，选择要打开的工作簿文件，再单击"打开"按钮，均可打开相应的工作簿文件。

3. 保存工作簿文件

单击快速访问工具栏中的"保存"按钮，或单击"文件"按钮，在弹出的菜单中选择"保存"或"另存为"命令，均可实现保存操作。在操作中要注意随时保存，以防止由于突然断电或死机而造成数据丢失。

前面已打开的工作簿，如果是已经保存过的文件，可使用"保存"命令，这时不会弹出"保存"对话框，而是直接保存到相应的文件中。

如果需要把当前工作簿进行备份，或者不想改动当前的文件，要把所做的修改保存到另外的文件中，这时可使用"另存为"命令。在"另存为"对话框中，如果想把文件保存到某个文件夹中，可以单击"浏览"选项，选择保存位置对应的文件夹即可。在"文件名"文本框中输入文件名，单击"保存"按钮，这个文件就保存到指定的文件夹中了。

4.2.2 工作表的操作

工作表又称为电子表格，是 Excel 窗口的主体部分，Excel 2016 是以工作表为单位来进行存储和管理数据的，每个工作表中包含多个单元格。下面介绍几种工作表的相关操作。

1.新建工作表

在创建工作簿时，系统会默认创建一个工作表，该工作表的标签为"Sheet1"。用户可以使用默认工作表，也可以根据自己的需要创建更多的工作表。Excel 提供了 3 种创建工作表的方法：

①打开"开始"选项卡，在"单元格"功能区中单击"插入"按钮下拉列表中的"插入工作表"命令，即可插入一个新工作表，如图 4-2 所示。

②单击工作表标签位置的"插入工作表"按钮，插入一个新工作表。

③右击任意工作表标签，在弹出的快捷菜单中选择"插入"命令也可插入一个新工作表，如图 4-3 所示。

第 4 章　Excel 2016 电子表格处理

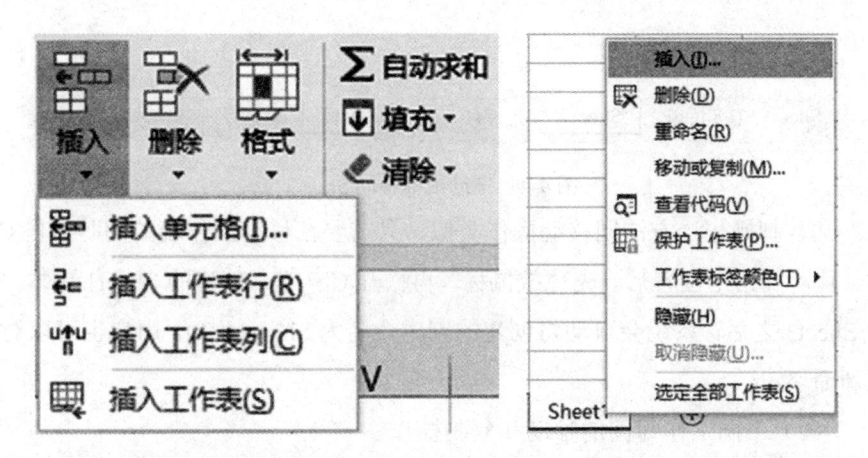

图 4-2　功能区"插入工作表"命令　　图 4-3　快捷菜单"插入"命令

2.重命名工作表

为了便于区分和管理每个工作表，用户可以根据工作表中的内容为其重新命名，以便让表格使用者根据工作表名称快速地了解工作表的内容。Excel 2016 提供了两种重命名的方法：

① 右击需要修改的工作表标签，在弹出的快捷菜单中选择"重命名"命令，此时工作表标签进入编辑模式，直接输入新名称，然后按 Enter 键即可。

② 双击需要修改的工作表标签，此时进入编辑模式，输入新名称后按 Enter 键即可。

3.移动、复制工作表

在工作中常常需要创建工作表的副本，或者移动工作表的位置，这可以通过移动或复制操作实现。

（1）同一工作簿内工作表的移动和复制操作

① 移动操作：单击要移动的工作表标签，不要释放鼠标，当被选中工作表左上角出现"▼"时，将工作表拖动到指定位置，然后释放鼠标即可。如图 4-4 所示，是将工作表标签 Sheet3 移动到 Sheet1 之前。

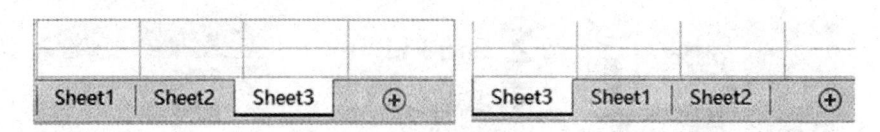

图 4-4 拖动鼠标移动 Sheet3

②复制操作：方法同移动操作类似，只需要在移动工作表的同时按住 Ctrl 键，移动到指定位置后，先释放鼠标，再松开 Ctrl 键。创建的 Sheet1 副本，置于 Sheet3 之后，系统会自动将创建的副本命名为 Sheet1（2），用户也可以对其重新命名。

（2）不同工作簿间的移动和复制操作

在不同工作簿之间移动或复制工作表，至少要打开两个工作簿，我们把要移动或复制的工作表所在的工作簿称为"原工作簿"，把移动或复制后工作表所在的工作簿称为"目标工作簿"。操作步骤如下：

第一，在原工作簿中右击被移动的工作表，在弹出的快捷菜单中选择"移动或复制"命令，弹出如图 4-5 所示的"移动或复制工作表"对话框。

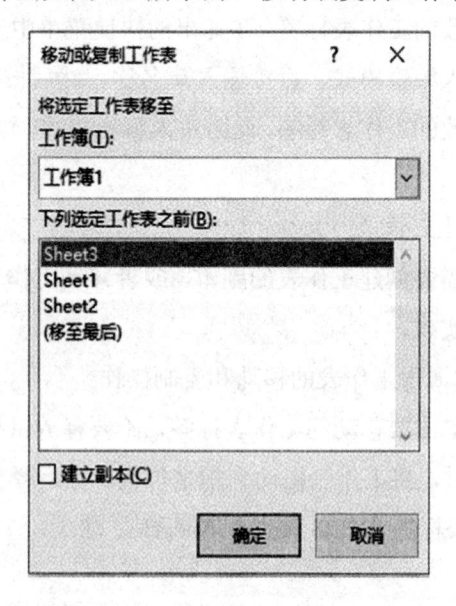

图 4-5 "移动或复制工作表"窗口

第二，在对话框的"工作簿"下拉列表框中选择目标工作簿，然后在"下列选定工作表之前"列表框中选择放置的位置，移动或复制后的工作表将被置于当前选择工作表之后。

第三，如果是移动操作，单击"确定"按钮即可完成操作。如果是复制操作，需要勾选对话框中的"建立副本"复选框，然后单击"确定"按钮即可。

4.删除工作表

Excel 2016 提供了两种删除工作表的方法，这两种方法都可以同时删除多个工作表。

①首先选中要删除的工作表，然后打开"开始"选项卡，在"单元格"功能区中单击"删除"按钮下拉列表中的"删除工作表"命令即可。

②右击要删除的工作表标签，在弹出的快捷菜单中选择"删除"命令也可删除选中的工作表。

5.拆分和冻结工作表

（1）拆分工作表窗口

通常人们查看的工作表都是比较大的工作表，在查看这种表时经常会遇到一个困难，即当对表中两个部分的数据进行比较时，无法同时看到这两个部分的数据。

对于这种情况，可以采用如下解决方法：切换到"视图"选项卡，单击功能区"窗口"工具组中的"拆分"按钮。这时，在工作表的当前选中单元格的上面和左边就出现了两条拆分线，整个窗口分成了 4 部分，而垂直滚动条和水平滚动条各变成了两个，如图 4-6 所示。

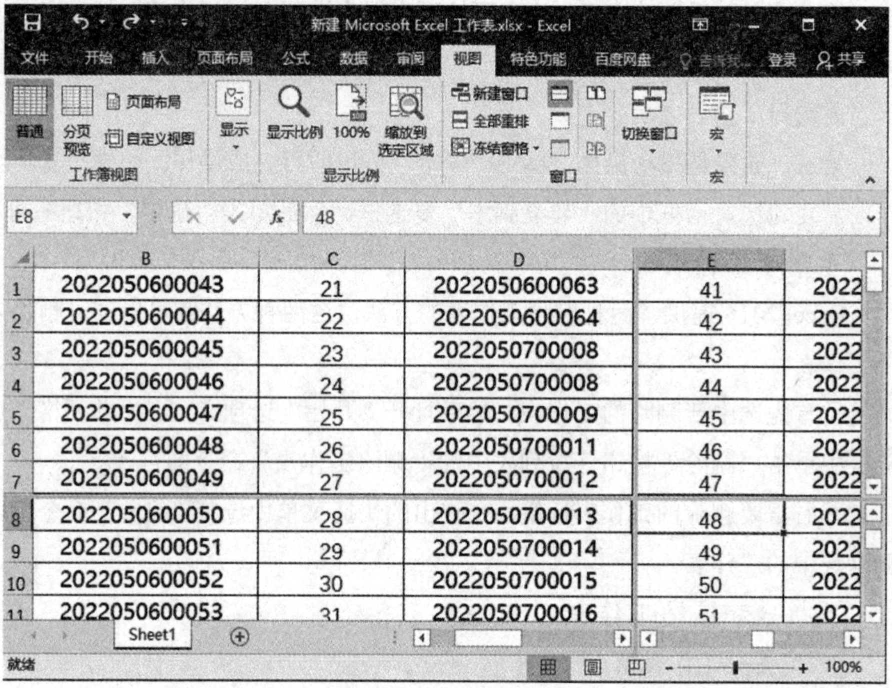

计算机基础与应用

图4-6 拆分窗口

拖动上面的垂直滚动条，可以同时改变上面两个窗口中显示的数据；拖动左边的水平滚动条，则可以同时改变左边两个窗口中显示的数据。这样就可以通过这4个窗口分别观看不同位置的数据了。

这些分隔线也是可以拖动的，把鼠标光标放到这些分隔线上，单击并拖动即可改变分隔线的位置。当需要取消这些分隔线时，只要再次单击"拆分"按钮即可撤销窗口的拆分。

（2）冻结工作表窗口

用户在查看表格时还会经常遇到这种情况，在拖动滚动条查看工作表后面的内容时看不到前面的行标题和列标题，这给查阅带来很大的不便。当遇到这种情况时，使用拆分和冻结功能，可以很容易地解决这个问题，操作方法如下：单击"视图"选项卡，再单击"窗口"工具组中的"冻结窗格"按钮，在出现的下拉菜单中，选择"冻结首行"命令。

在使用"冻结首行"命令之前，当拖动右侧的滚动条时，首行也滚动过去而看不到了。在"冻结首行"后，当用户拖动右侧的滚动条时，可以发现首行被"冻结"了，首行下面的各行在滚动，而首行不动，如图 4-7 所示。

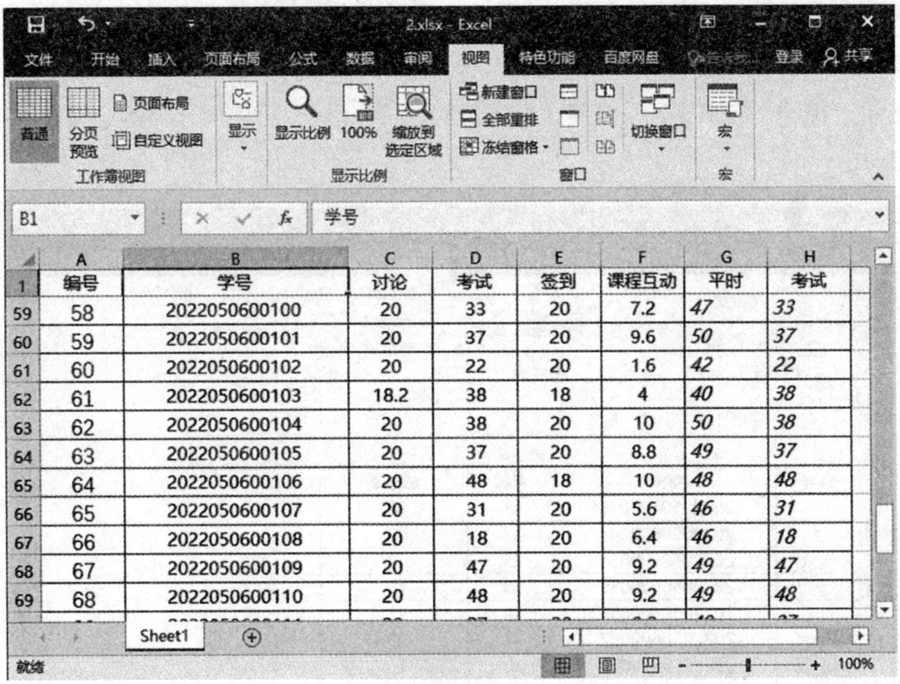

图 4-7　冻结首行窗口

使用"冻结首行"命令，可以方便地浏览行数特别多的表格。如果表格的列数特别多，而最左列是标题列，则可以使用"冻结首列"命令。

冻结首列的操作方法与冻结首行基本相同：单击"视图"选项卡，再单击"窗口"工具组中的"冻结窗格"按钮，在出现下拉菜单中，选择"冻结首列"命令即可。此时，当用户拖动下边的滚动条时，可以发现首列被"冻结"了，首列右侧的各列在滚动，而首列不动。

还可以将表格的若干行或若干列冻结起来。例如，将表格最左侧的 3 列冻结起来，操作方法如下：单击选中表的 C4 单元格，然后切换到"视图"选项卡，单击功能区中"窗口"工具组中的"冻结窗格"按钮，从下拉菜单中选择"冻结窗格"命令。

在执行上面的操作后，移动下侧水平滚动条的位置，可以看到最左侧的 2 列（A、B 列）被冻结起来了，当移动水平滚动条时，只有右侧的各列在滚动。这时若移动右侧的垂直滚动条，会发现 C4 单元格上面的第 1 行、第 2 行和第 3 行被"冻结"起来了，只是第 3 行下边的各行在滚动，而前三行不动，如图 4-8 所示。

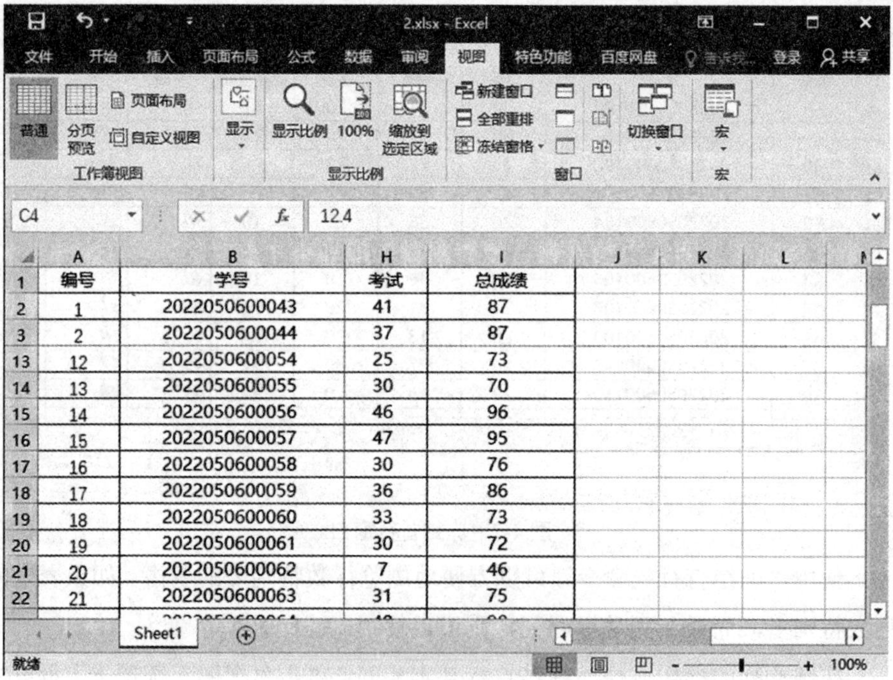

图 4-8 冻结窗口最左侧两列和最上边三行

如果用户要取消冻结，可以切换到功能区中的"视图"选项卡，单击"窗口"工具组中的"冻结窗格"按钮，从下拉菜单中选择"取消冻结窗格"命令。

4.2.3 输入数据

1.输入数据的基本方法

输入数据的一般操作步骤如下：

第一，单击某个工作表标签，选择要输入数据的工作表。

第二，单击要输入数据的单元格，使之成为当前单元格，此时名称框中显示该单元格的名称。

第三，向该单元格直接输入数据，也可以在编辑框中输入数据，输入的数据会同时显示在该单元格和编辑框中。

第四，如果输入的数据有错，可单击工具框中的"×"按钮或按 Esc 键取消输入，然后重新输入；如果输入的数据正确，可单击工具框中的"√"按钮或按 Enter 键确认。

第五，继续向其他单元格输入数据。

2.各种类型数据的输入

每个单元格可以输入不同类型的数据，如数值、文本、日期和时间等。输入不同类型的数据必须使用不同的格式，只有这样 Excel 才能识别输入数据的类型。

（1）文本型数据的输入

文本型数据即字符型数据，包括英文字母、汉字、数字以及其他字符。显然，文本型数据就是字符串，在单元格中默认左对齐。在输入文本时，如果输入的是数字字符，则应在数字文本前加上单引号以示区别，而输入其他文本时可直接输入。

数字字符串是指全由数字字符组成的字符串，如学生学号、邮政编码等。这种数字字符串是不能参与诸如求和、求平均值等运算的。所以，输入数字字符串时不能省略单引号，这是因为 Excel 无法判断输入的是数值还是字符串。

（2）数值型数据的输入

数值型数据可直接输入，在单元格中默认的是右对齐。在输入数值型数据时，除了0～9、正负号和小数点外还可以使用以下符号：

①E 和 e 用于指数符号的输入，例如"5.28E+3"。

②以"$"或"¥"开始的数值表示货币格式。

③圆括号表示输入的是负数，例如，"（735）"表示"-735"。

④逗号","表示分节符，例如"1,234,567"。

⑤以符号"%"结尾表示输入的是百分数，例如"50%"。

如果输入的数值长度超过单元格的宽度，将会自动转换成科学记数法，即指数法表示。例如，如果输入的数据为"123456789"，则会在单元格中显示"1.234567E+8"。

（3）日期型数据的输入

日期型数据的输入格式比较多，例如要输入日期"2023年1月22日"，如果要求按年月日顺序，常使用以下 3 种格式输入："23/1/22"；"2023/1/22"；"2023-1-22"。

上述 3 种格式输入确认后，单元格中均显示相同格式，即"2023-1-22"。在此要说明的是，第 1 种输入格式中年份只用了两位，即"23"表示"2023 年"。但如果要输入"1909"，则年份就必须按 4 位格式输入。

如果要求按日月年顺序，常使用以下 2 种格式输入，输入结果均显示为第 1 种格式："22-Jan-23"；"22/Jan/23"。

如果只输入 2 个数字，则系统默认为输入的是月和日。例如，如果在单元格中输入"5/1"，则表示输入的是"5 月 1 日"，年份默认为系统年份。如果要输入当天的日期，可按"Ctrl+；"组合键。输入的日期型数据在单元格中默认右对齐。

（4）时间型数据的输入

在输入时间时，时和分之间、分和秒之间均用英文冒号（:）隔开，也可以在时间后面加上 A 或 AM、P 或 PM 等分别表示上午、下午，即使用格式

"hh:min:ss a/am/p/pm",其中秒"ss"和字母之间应该留有空格,如"9:30 AM"。

另外,也可以将日期和时间组合输入,输入的日期和时间之间要留有空格,例如"2019-11-5 10:30"。若要输入当前系统时间,可以按"Ctrl+Shift+;"组合键。输入的时间型数据和输入的日期型数据一样,在单元格中默认右对齐。

(5)分数的输入

由于分数线、除号和日期分隔符均使用同一种符号"/",所以为了使系统区分输入的是日期还是分数,规定在输入分数时要在分数前面加上"0"和空格。例如,输入分数"1/3",则应先在单元格输入"0"和空格,再输入"1/3",即"0 1/3",这时编辑框显示的是"0.333333333333333",而单元格仍显示"1/3"。如果要输入"5/3",应向单元格输入"0 5/3"或输入"1 2/3"。

(6)逻辑值的输入

在单元格中对数据进行比较运算时可得到 True(真)或 False(假)两种比较结果,逻辑值在单元格中的对齐方式默认为居中。

3.自动填充有规律性的数据

如果要在连续的单元格中输入相同的数据或具有某种规律的数据,如数字序列中的等差序列、等比序列和有序文字(即文字序列)等,使用 Excel 的自动填充功能可以方便、快捷地完成输入操作。

(1)自动填充相同的数据

在单元格的右下角有一个黑色的小方块,称为填充柄或复制柄,当鼠标指针移至填充柄处时鼠标指针的形状变成"+"。选定一个已输入数据的单元格后拖动填充柄向相邻的单元格移动,可填充相同的数据,如图 4-9 所示。

计算机基础与应用

	A	B	C	D	E	F
1	10	10	10	10	10	10
2						
3	计算机	计算机	计算机	计算机	计算机	
4			计算机			
5			计算机			
6						
7						
8						

图 4-9 自动填充相同数据

（2）自动填充数字序列

如果要输入的数字型数据具有某种特定规律，如等差序列或等比序列（又称为数字序列），也可使用自动填充功能。

例如，在 A1:G1 单元格中分别输入数字 2、4、6、8、10、12、14，如图 4-10 所示。

	A	B	C	D	E	F	G
1	2	4	6	8	10	12	14
2							
3	1	2	4	8	16	32	64
4							
5	星期一	星期二	星期三	星期四	星期五	星期六	星期日
6							
7							

图 4-10 自动填充数字序列

其操作步骤如下：

第一，在 A1 和 B1 单元格中分别输入两个数字 2 和 4。

第二，选中 A1、B1 两个单元格，此时这两个单元格被黑框包围。

第三，将鼠标指针移动到 B1 单元格右下角的填充柄处，鼠标指针的形状变为"+"。

第四,按住鼠标左键拖动"+"形状控制柄到 G1 单元格后释放,这时 C1 到 G1 单元格即会分别填充数字 6、8、10、12 和 14。

用鼠标拖动填充柄填充的数字序列默认为填充等差序列,如果要填充等比序列,则要在"开始"选项卡的"编辑"工具组中单击"填充"按钮。

例如,在 A3:G3 单元格区域的单元格中分别输入数字 1、2、4、8、16、32、64,如图 4-10 所示。

其操作步骤如下:

第一,在 A3 单元格输入第一个数字 1。

第二,选中 A3:G3 单元格区域。

第三,在"开始"选项卡的"编辑"工具组中单击"填充"按钮右侧的下拉按钮,在打开的下拉列表中选择"系列"选项,打开"序列"对话框,如图 4-11 所示。

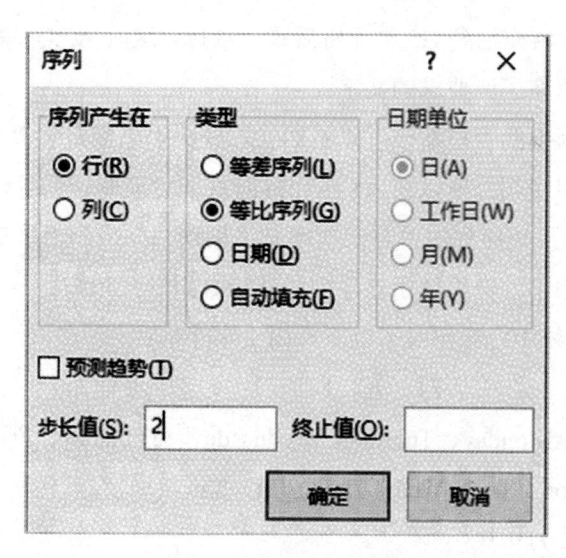

图 4-11 "序列"对话框

第四,在"序列产生在"选项组中选中"行"单选按钮;在"类型"选项组中选中"等比序列"单选按钮;在"步长值"文本框中输入数字"2";由于在此之前已经选中 A3:G3 单元格区域,因此"终止值"文本框中不需要输入

159

任何值。

第五，单击"确定"按钮关闭对话框。这时 A3:G3 单元格区域的单元格中即分别填充了数字 1、2、4、8、16、32、64。从对话框可以看出，使用填充命令还可以进行日期的填充。

（3）自动填充文字序列

用上述方法不仅可以输入数字序列，而且可以输入文字序列。

例如，利用自动填充法在 A5:G5 单元格区域的单元格中分别输入星期一至星期日，如图 4-10 所示。

其操作步骤如下：

第一，在 A5 单元格输入文字"星期一"。

第二，单击选中 A5 单元格，并将鼠标指针移动到该单元格右下角的填充柄处，此时指针变成十字形状"+"。

第三，拖动填充柄到 G5 单元格后释放鼠标，这时 A5:G5 单元格区域的单元格中即分别填充了所要求的文字。

注意：本例中的"星期一""星期二"……"星期日"等文字是 Excel 预先定义好的文字序列，所以在 A5 单元格输入了"星期一"后，当拖动填充柄时，Excel 就会按该序列的内容依次填充"星期二"……"星期日"等。如果序列的数据用完了，会再使用该序列的开始数据继续填充。

Excel 在系统中已经定义了以下常用文字序列：

①日、一、二、三、四、五、六。

②Sunday、Monday、Tuesday、Wednesday、Thursday、Friday、Saturday。

③Sun、Mon、Tue、Wed、Thur、Fri、Sat。

④一月、二月……

⑤January、Februay……

⑥Jan、Feb……

4.2.4 编辑工作表

编辑工作表的操作主要包括修改内容、复制内容、移动内容、删除内容、增删行/列等，但在进行编辑之前首先要选择操作对象。

1. 选择操作对象

选择操作对象主要包括选择单个单元格、选择连续区域、选择不连续多个单元格或区域以及选择特殊区域。

（1）选择单个单元格

选择某个单元格可以使该单元格成为活动单元格。若单击某个单元格，该单元格将以黑色方框显示，即表示被选中。

（2）连续区域的选择

选择连续区域的方法有以下 3 种（以选择 B1:G5 为例）：

①单击区域左上角的单元格 B1，然后按住鼠标左键拖动到该区域的右下角单元格 G5。

②单击区域左上角的单元格 B1，然后按住 Shift 键后单击该区域右下角的单元格 G5。

③在名称框中输入 Bl:G5，然后按 Enter 键。

（3）不连续多个单元格或区域的选择

选择方法是按住 Ctrl 键分别选择各个单元格或单元格区域。

（4）特殊区域的选择

特殊区域的选择主要是指以下不同区域的选择：

①选择某个整行：直接单击该行的行号。

②选择连续多行：在行标区按住鼠标左键从首行拖动到末行。

③选择某个整列：直接单击该列的列号。

④选择连续多列：在列标区按住鼠标左键从首列拖动到末列。

⑤选择整个工作表：单击工作表的左上角（即行标与列标相交处）的"全

部选定区"按钮或按"Ctrl+A"组合键。

2.修改单元格内容

修改单元格内容的方法有以下两种：

①双击单元格或选中单元格后按 F2 键，使光标变成闪烁的方式，便可直接对单元格的内容进行修改。

②选中单元格，在编辑框中进行修改。

3.移动单元格内容

若要将某个单元格或某个区域的内容移动到其他位置上，可以使用鼠标拖动法或剪贴板法。

（1）鼠标拖动法

首先将鼠标指针移动到所选区域的边框上，然后按住鼠标左键拖动到目标位置即可。在拖动过程中，边框显示为虚框。

（2）剪贴板法

操作步骤如下：

第一，选定要移动内容的单元格或单元格区域。

第二，在"开始"选项卡的"剪贴板"工具组中单击"剪切"按钮。

第三，单击目标单元格或目标单元格区域左上角的单元格。

第四，在"剪贴板"工具组中单击"粘贴"按钮。

4.复制单元格内容

若要将某个单元格或某个单元格区域的内容复制到其他位置，同样也可以使用鼠标拖动法或剪贴板法。

（1）鼠标拖动法

首先将鼠标指针移动到所选单元格或单元格区域的边框，然后同时按住 Ctrl 键和鼠标左键拖动鼠标到目标位置即可。在拖动过程中边框显示为虚框，同时鼠标指针的右上角有一个小的十字形符号"+"。

（2）剪贴板法

使用剪贴板复制的过程与移动的过程是一样的，只是要单击"剪贴板"工具组中的"复制"按钮。

5.清除单元格

清除单元格或某个单元格区域不会删除单元格本身，而只是删除单元格或单元格区域中的内容、格式等或全部清除。

操作步骤如下：

第一，选中要清除的单元格或单元格区域。

第二，单击"开始"选项卡"编辑"工具组中的"清除"按钮，在其下拉列表中选择"全部清除""清除格式""清除内容"等选项之一，即可实现相应项目的清除操作，如图4-12所示。

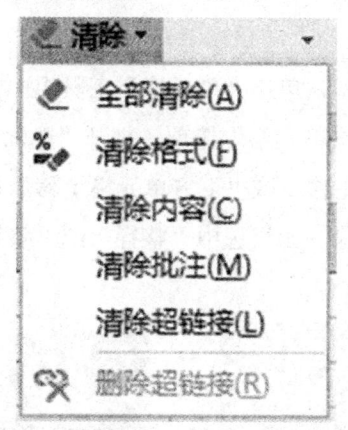

图4-12 "清除"选项

注意：选中某个单元格或某个单元格区域后按 Delete 键，只能清除该单元格或单元格区域的内容。

6.行、列、单元格的插入与删除

（1）插入行、列

单击"开始"选项卡"单元格"工具组中的"插入"按钮，在打开的下拉列表中选择"插入工作表行"或"插入工作表列"选项即可插入行或列。插入的行或列分别显示在当前行或当前列的上端或左端。

（2）删除行、列

选中要删除的行或列或该行或该列所在的一个单元格，然后单击"单元格"工具组中的"删除"按钮，在下拉列表中选择"删除工作表行"或"删除工作表列"选项，可将该行或列删除。

（3）插入单元格

选中要插入单元格的位置，单击"单元格"工具组中的"插入"按钮，在打开的下拉列表中选择"插入单元格"选项，打开"插入"对话框，如图4-13所示，选中"活动单元格右移"或"活动单元格下移"单选按钮后单击"确定"按钮即可插入新的单元格。在插入新的单元格后，原活动单元格会右移或下移。

（4）删除单元格

选中要删除的单元格，单击"单元格"工具组中的"删除"按钮，在打开的下拉列表中选择"删除单元格"选项，打开"删除"对话框，如图4-14所示，选中"右侧单元格左移"或"下方单元格上移"单选按钮后单击"确定"按钮，该单元格即被删除。如果选中"整行"或"整列"单选按钮，则该单元格所在行或列会被删除。

图4-13 "插入"对话框　　　　图4-14 "删除"对话框

4.2.5 格式化工作表

工作表由单元格组成，因此格式化工作表就是对单元格或单元格区域进行格式化。格式化工作表包括调整行高和列宽、设置单元格格式以及设置条件格式等。

1.调整行高和列宽

工作表的行高和列宽是 Excel 默认设定的，行高自动以本行中最高的字符为准，列宽默认为 8 个字符宽度。用户可以根据自己的实际需要调整行高和列宽。其操作方法有以下几种：

（1）使用鼠标拖动法

将鼠标指针指向行标或列标的分界线上，当鼠标指针变成双向箭头时按下左键拖动鼠标即可调整行高或列宽。这时鼠标上方会自动显示行高或列宽的数值，如图 4-15 所示。

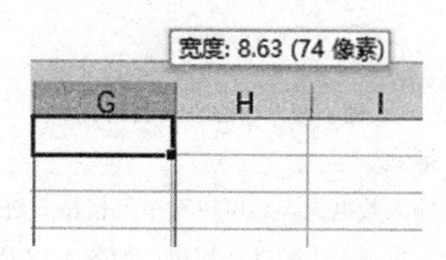

图 4-15 显示列宽

（2）使用功能按钮精确设置

选定需要设置行高或列宽的单元格或单元格区域，然后单击"单元格"工具组中的"格式"按钮，在下拉列表中选择"行高"或"列宽"选项，如图 4-16 所示，打开"行高"对话框或"列宽"对话框，输入数值后单击"确定"按钮关闭对话框，即可精确设置行高和列宽。如果选择"自动调整行高"或"自动调整列宽"选项，系统将自动调整到最佳行高或列宽。

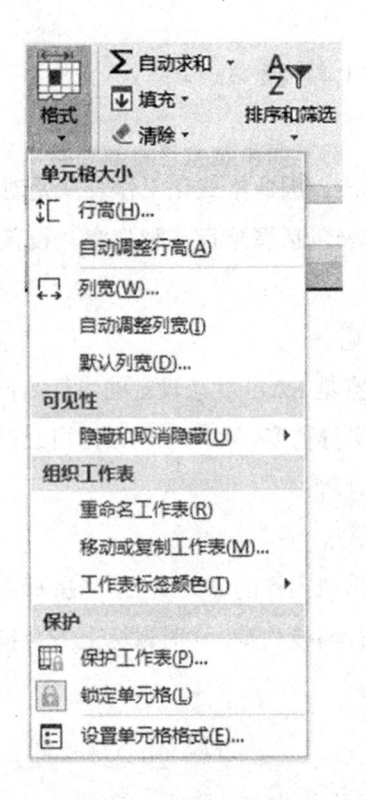

图 4-16 "格式"下拉列表

2.设置单元格格式

在一个单元格中输入数据内容后可以对单元格格式进行设置,设置单元格格式可以使用"开始"选项卡中的功能按钮,如图 4-17 所示。

图 4-17 "开始"选项卡

"开始"选项卡中的"字体""对齐方式""数字""样式""单元格"工具组，主要用于单元格或单元格区域的格式设置；"开始"选项卡中的"剪贴板"和"编辑"两个工具组，主要用于 Excel 文档的编辑输入、单元格数据的计算等。

单击"单元格"工具组中的"格式"按钮，在其下拉列表中选择"设置单元格格式"选项；或者单击"字体"工具组、"对齐方式"工具组和"数字"工具组的"设置单元格格式"按钮，均可打开"设置单元格格式"对话框，如图 4-18 所示。用户可以在该对话框中设置"数字""对齐""字体""边框""填充"和"保护"6 项格式。

图 4-18　"设置单元格格式"对话框"数字"选项卡

(1) 设置数字格式

Excel 2016 提供了多种数字格式，在对数字格式化时可以通过设置小数位数、百分号、货币符号等来表示单元格中的数据。在"设置单元格格式"对话框中切换至"数字"选项卡，在"分类"列表框中选择一种分类格式，在对话框的右侧窗格可进一步设置小数位数、货币符号等，如图 4-18 所示。

(2) 设置字体格式

在"设置单元格格式"对话框中切换至"字体"选项卡，如图 4-19 所示，可对字体、字形、字号、颜色、下划线及特殊效果等进行设置。

图 4-19 "字体"选项卡

(3)设置对齐方式

在"设置单元格格式"对话框中切换至"对齐"选项卡,如图4-20所示,可实现水平对齐、垂直对齐、改变文本方向、自动换行及合并单元格等设置。

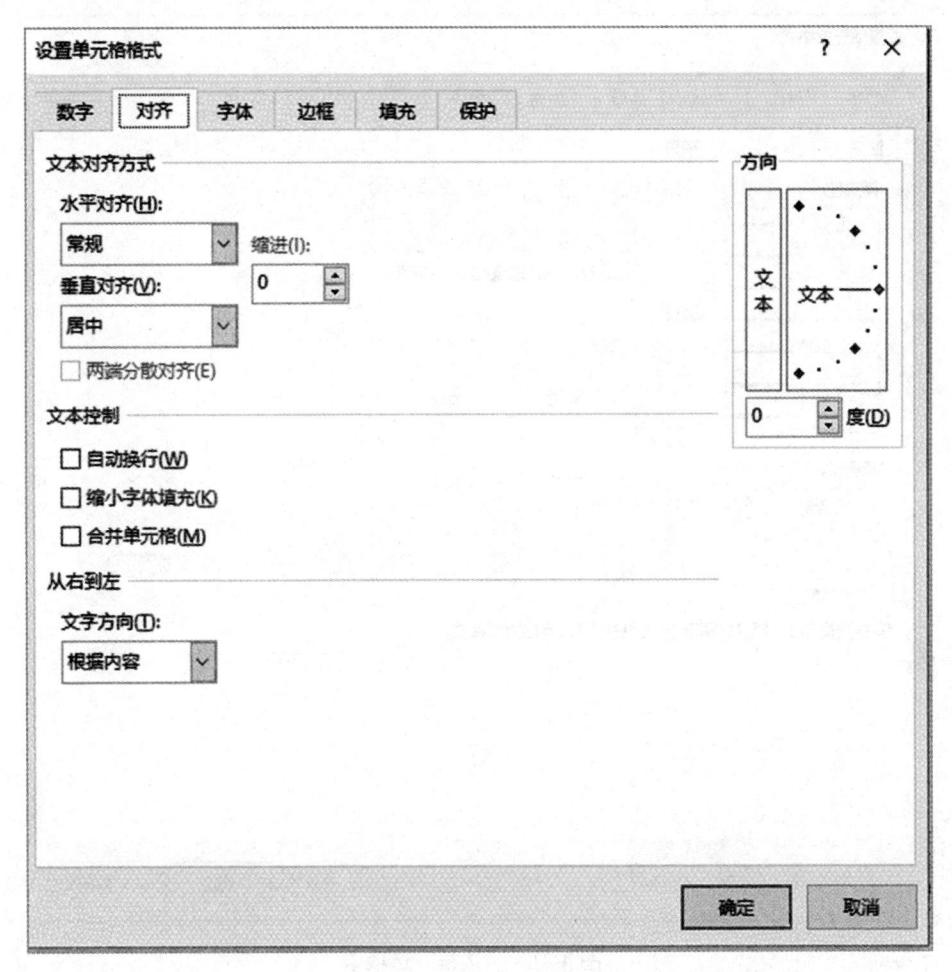

图4-20 "对齐"选项卡

(4)设置边框和底纹

在Excel工作表中可以看到灰色的网格线,但如果不进行设置,这些网格线是打印不出来的。为了突出工作表或某些单元格的内容,可以为其添加边框和底纹。首先选定要设置边框和底纹的单元格区域，然后在"设置单元格格式"对话框的"边框"和"填充"选项卡中进行设置即可，如图4-21和图4-22所示。

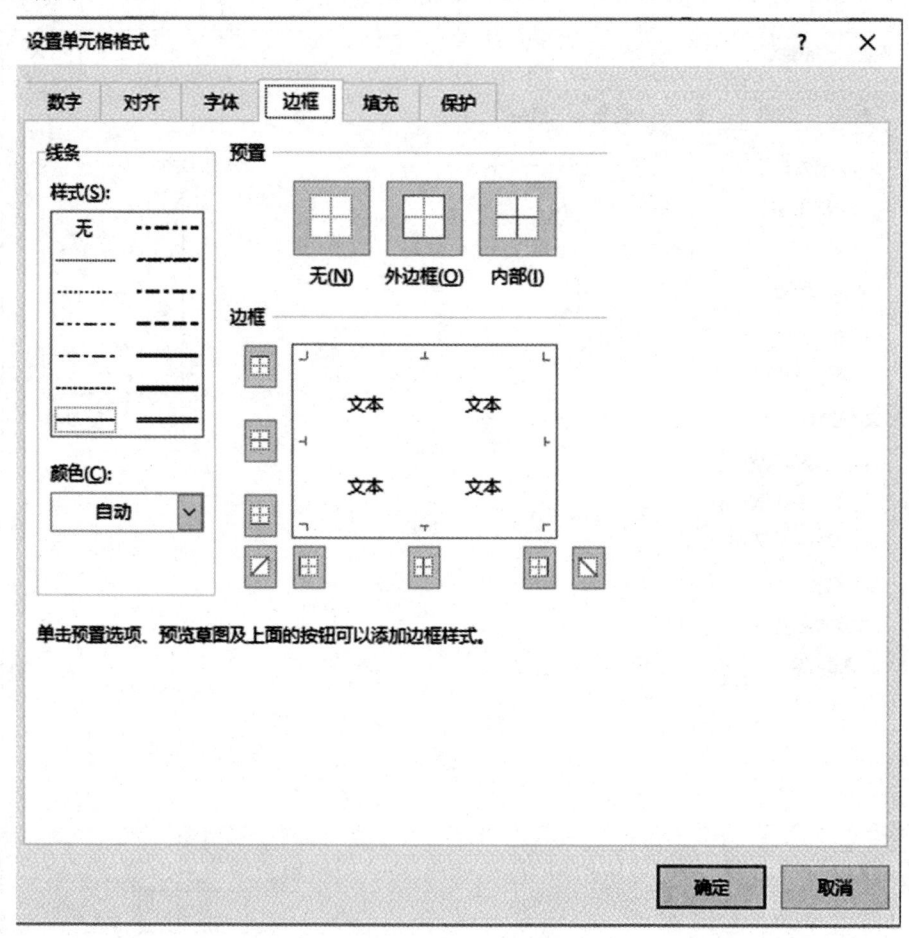

图 4-21 "边框"选项卡

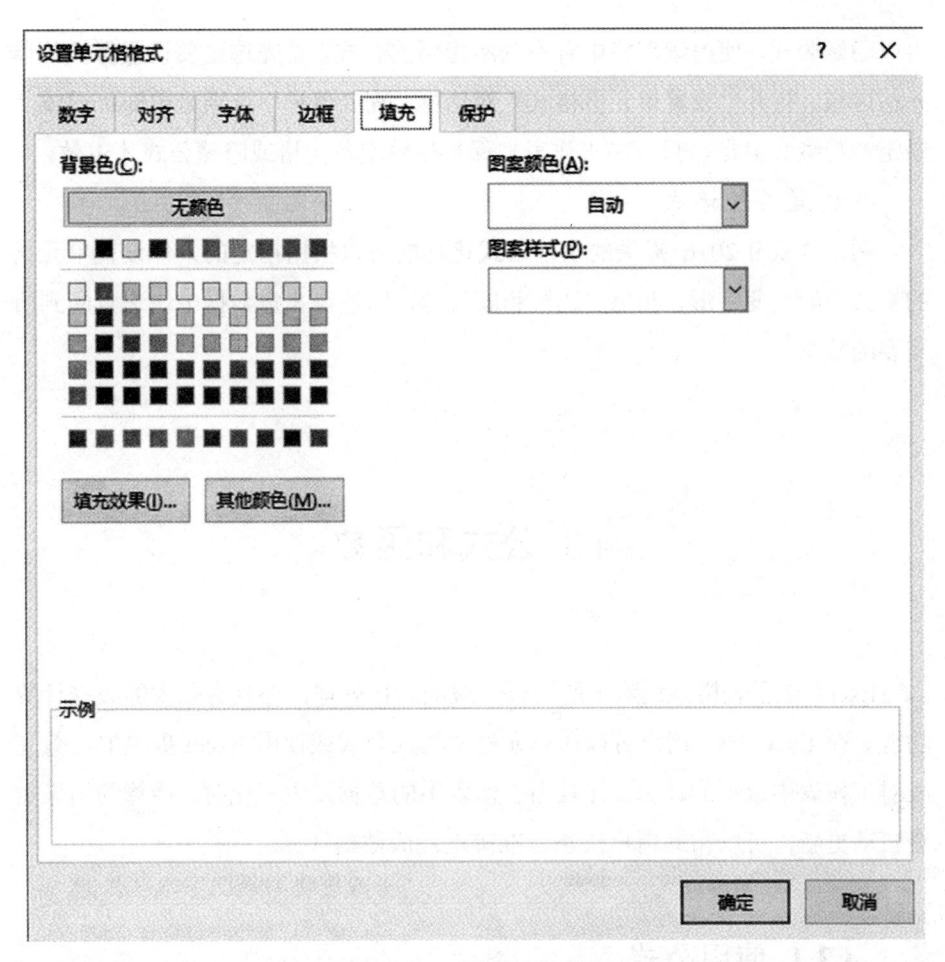

图 4-22 "填充"选项卡

①设置边框：在"边框"选项卡中，首先选择线条"样式"和"颜色"，然后在"预置"工具组中选择"内部"或"外边框"选项，分别设置内外线条。

②设置填充：在"填充"选项卡中设置单元格底纹的"图案颜色"或"图案样式"，可以设置选定区域的底纹与填充色。

（5）设置保护

设置单元格保护是为了保护单元格中的数据和公式，其中有锁定和隐藏两个选项。锁定可以防止单元格中的数据被更改、移动，或单元格被删除；隐藏可以隐藏公式，使得编辑栏中看不到所应用的公式。首先选定要设置保护的单元格区域，打开"设置单元格格式"对话框，在"保护"选项卡中即可设置其锁定和隐藏。但是，只有在工作表被保护后锁定单元格或隐藏公式才生效。

3.设置条件格式

利用 Excel 2016 提供的条件格式化功能可以根据指定的条件设置单元格的格式，如改变字形、颜色、边框和底纹等，以便在大量数据中快速查阅到所需要的数据。

4.3 公式和函数

Excel 电子表格系统除了能进行一般的表格处理，还具有强大的数据计算功能。在 Excel 中，用户可以在单元格中输入公式或使用 Excel 提供的函数完成对工作表中数据的计算，并且当工作表中的数据发生变化时，计算的结果也会自动更新，可以帮助用户快速、准确地完成数据计算。

4.3.1 使用公式

Excel 中的公式由等号、运算符和运算数 3 个部分构成。其中，运算数包括常量、单元格引用值、名称和工作表函数等元素。使用公式是实现电子表格数据处理的重要手段，它可以对数据进行加、减、乘、除及比较等多种运算。

1.运算符

用户可以使用的运算符有算术运算符、比较运算符、文本运算符和引用运算符 4 种。

（1）算术运算符

算术运算符包括加（+）、减（-）、乘（*）、除（/）、百分数（%）及乘方（^）等。当一个公式中包含多种运算时，要注意运算符之间的优先级。算术运算符运算的结果为数值型。

（2）比较运算符

比较运算符包括等于（=）、大于（>）、小于（<）、大于或等于（>=）、小于或等于（<=）及不等于（<>）。比较运算符运算的结果为逻辑值 True 或 False。例如，在 B1 单元格中输入数字 7，在 C1 单元格中输入"=B1>5"，由于 B1 单元格中的数值 7>5，因此为真，C1 单元格中会显示 True，且居中显示；如果在 B1 单元格中输入数字 3，则 C1 单元格中会居中显示 False。

（3）文本运算符

文本运算符也就是文本连接符（&），用于将两个或多个文本连接为一个组合文本。例如"中国"&"沈阳"的运算结果即为"中国沈阳"。

（4）引用运算符

引用运算符用于将单元格区域合并运算，包括冒号（:）、逗号（,）和空格。

冒号运算符用于定义一个连续的数据区域，例如 A2:B4 表示 A2 到 B4 的 6 个单元格，即包括 A2、A3、A4、B2、B3、B4。

逗号运算符称为并集运算符，用于将多个单元格或单元格区域合并成一个引用。例如，若要将 C2、D2、F2、G2 单元格的数值相加，结果数值放在单元格 E2 中，则单元格 E2 中的计算公式可以用"=SUM(C2,D2,F2,G2)"表示。

空格运算符称为交集运算符，表示只处理区域中互相重叠的部分。例如，公式"=SUM(A1:B2 B1:C2)"表示求 A1:B2 区域与 B1:C2 区域相交部分，也就是单元格 B1、B2 的和。

注意：运算符的优先级由高到低依次为冒号（:）、逗号（,）、空格、负号（-）、百分号（%）、乘方（^）、乘（*）和除（/）、加（+）和减（-）、文本连接符（&）、比较运算符。

2.输入公式

在指定的单元格内可以输入自定义的公式，其格式为"=公式"，如图4-23所示。操作步骤如下：

第一，选定要输入公式的单元格。

第二，输入等号"="作为公式的开始。

第三，输入相应的运算符，选取包含参与计算的单元格的引用。

第四，按Enter键或者单击工具框上的"输入"按钮确认。

注意：在输入公式时，等号和运算符号必须采用半角英文符号。

计算机基础成绩单

编号	学号	姓名	平时成绩	实践成绩	考试成绩	总成绩
1	2022050600043	李丽	20.0	25.0	46.0	=D3+E3+F3
2	2022050600044	张小可	20.0	20.0	37.0	
3	2022050600045	邓乐乐	18.0	18.0	37.0	
4	2022050600046	汪洋	20.0	24.0	48.0	
5	2022050600047	李想	20.0	21.0	47.0	

图 4-23　输入求和公式

3.复制公式

如果有多个单元格用的是同一种运算公式，可使用复制公式的方法简化操作：选中被复制的公式，先"复制"然后"粘贴"即可；或者使用公式单元格右下角的复制柄拖动复制；也可以直接双击填充柄实现快速公式自动填充，如图4-24所示。

计算机基础成绩单

编号	学号	姓名	平时成绩	实践成绩	考试成绩	总成绩
1	2022050600043	李丽	20.0	25.0	46.0	91.0
2	2022050600044	张小可	20.0	20.0	37.0	77.0
3	2022050600045	邓乐乐	18.0	18.0	37.0	73.0
4	2022050600046	汪洋	20.0	24.0	48.0	92.0
5	2022050600047	李想	20.0	21.0	47.0	88.0

图 4-24　自动填充公式求和

4.3.2 使用函数

使用公式计算虽然很方便，但只能完成简单的数据计算，对于复杂的运算则需要使用函数来完成。函数是预先设置好的公式，Excel 提供了几百个内置函数，可以对特定区域的数据实施一系列操作。利用函数进行复杂的运算比利用等效的公式计算更快、更灵活，效率更高。

1.函数的组成

其中，函数名是系统保留的名称，圆括号中可以有一个或多个参数，参数之间用逗号隔开；也可以没有参数，当没有参数时，函数名后的圆括号是不能省略的。参数是用来执行操作或计算的数据，可以是数值或含有数值的单元格引用。

例如，函数"SUM(A1,B1,D2)"即表示对 A1、B1、D2 三个单元格的数值求和，其中 SUM 是函数名；A1、B1、D2 为 3 个单元格引用，它们是函数的参数。

又例如，函数"SUM(A1,B1:B3,C4)"中有 3 个参数，分别是单元格 A1、区域 B1:B3 和单元格 C4。

2.函数的使用方法

下面以在计算机基础成绩单中计算出每个学生的平均实验成绩为例说明函数的使用方法。

（1）利用"插入函数"按钮

具体操作步骤如下：

第一，选定要存放结果的单元格 H3。

第二，单击"公式"选项卡"函数库"工具组中"插入函数"按钮或单击工具框右侧的"插入函数"按钮，弹出"插入函数"对话框，如图 4-25 所示。

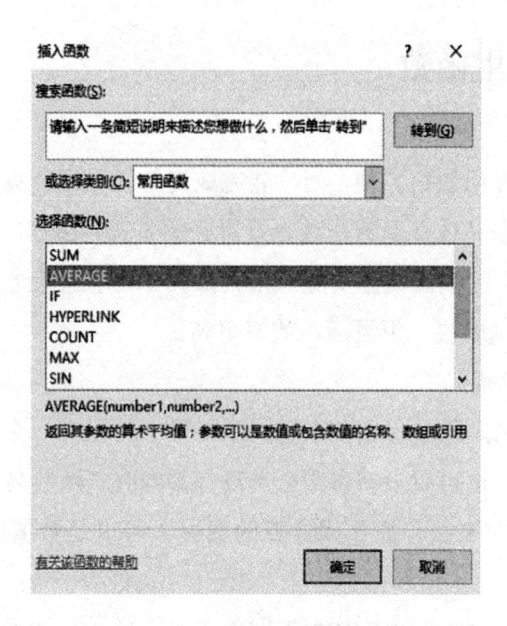

图 4-25 "插入函数"对话框

第三,在"或选择类别"下拉列表框中选择"常用函数"选项,在"选择函数"列表框中选择"AVERAGE"选项,然后单击"确定"按钮,弹出"函数参数"对话框,如图 4-26 所示。

图 4-26 "函数参数"对话框

第四，在 Number1 编辑框中输入函数的正确参数，如 D3:G3；或者单击参数 Number1 编辑框后面的数据拾取按钮，当函数参数对话框缩小成一个横条时，用鼠标拖动选取数据区域，然后按 Enter 键或再次单击拾取按钮，返回"函数参数"对话框，最后单击"确定"按钮。

第五，拖曳 D3 单元格右下角的复制柄到 G3 单元格。这时在 D3～G3 单元格分别计算出学生的平均实验成绩，计算结果如图 4-27 所示。

			计算机基础成绩单						
编号	学号	姓名	实验1	实验2	实验3	实验4	平均实验成绩	考试成绩	总成绩
1	2022050600043	李丽	24.0	20.0	24.0	25.0	23.3	46.0	95.0
2	2022050600044	张小可	20.0	21.0	22.0	20.0	20.8	37.0	77.0
3	2022050600045	邓乐乐	18.0	15.0	23.0	18.0	18.5	37.0	73.0
4	2022050600046	汪洋	16.0	23.0	20.0	24.0	20.8	48.0	88.0
5	2022050600047	李想	14.0	19.0	21.0	21.0	18.8	47.0	82.0

图 4-27 平均实验成绩计算结果

（2）利用名称框中的公式选项列表

首先选定要存放结果的单元格 H3，然后输入"="，再单击名称框右边的下三角按钮，在下拉列表中选择相应的函数选项，如图 4-28 所示，后面的操作和利用功能按钮插入函数的方式完全相同。

AVERAGE		× ✓ fx	=						
	A	B	C	D	E	F	G	H	I	J
1				计算机基础成绩单						
2	编号	学号	姓名	实验1	实验2	实验3	实验4	平均实验成绩	考试成绩	总成绩
3	1	2022050600043	李丽	24.0	20.0	24.0	25.0	=	46.0	95.0
4	2	2022050600044	张小可	20.0	21.0	22.0	20.0		37.0	77.0
5	3	2022050600045	邓乐乐	18.0	15.0	23.0	18.0		37.0	73.0
6	4	2022050600046	汪洋	16.0	23.0	20.0	24.0		48.0	88.0
7	5	2022050600047	李想	14.0	19.0	21.0	21.0		47.0	82.0

图 4-28 利用名称框中的公式选项列表插入函数计算

（3）使用"自动求和"按钮

选定要存放结果的单元格 H3，单击"函数库"或"编辑"工具组中"自动求和"的下三角按钮，在下拉列表中选择"平均值"选项，如图 4-29 所示，再单击工具框中的"输入"按钮或按 Enter 键即可。

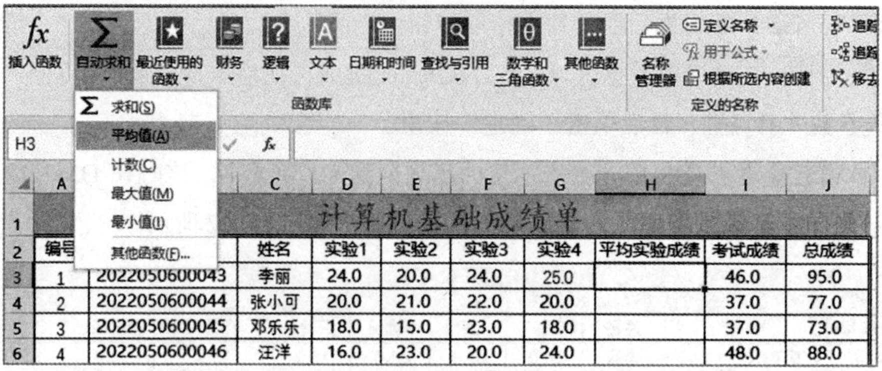

图 4-29 使用"自动求和"按钮计算

3.常用函数介绍

Excel 提供了 12 大类几百个内置函数，这些函数的涵盖范围包括财务、日期与时间、数学与三角函数、统计、查找与引用、数据库、文本、逻辑、信息、工程、多维数据集和兼容性等。下面简单介绍几种常用函数。

（1）求和函数 SUM

函数格式为 SUM(number1,number2,…)。

该函数用于将指定的参数 number1、number2……相加求和。

参数说明：至少需要包含一个参数 number1，每个参数都可以是区域、单元格引用、数组、常量、公式或另一个函数的结果。

（2）平均值函数 AVERAGE

函数格式为 AVERAGE(number1,number2,…)。

该函数用于求指定参数 number1、number2……的算术平均值。

参数说明：至少需要包含一个参数 number1，且必须是数值，最多可包含 255 个。

（3）最大值函数 MAX

函数格式为 MAX(number1,number2,…)。

该函数用于求指定参数 number1、number2……的最大值。

参数说明：至少需要包含一个参数 number1，且必须是数值，最多可包含 255 个。

（4）最小值函数 MIN

函数格式为 MIN(number1,number2,…)。

该函数用于求指定参数 number1、number2……的最小值。

参数说明：至少需要包含一个参数 number1，且必须是数值，最多可包含 255 个。

（5）计数函数 COUNT

函数格式为 COUNT(value1,value2,…)。

该函数用于统计指定区域中包含数值的个数，只对包含数字的单元格进行计数。

参数说明：至少需要包含一个参数 value1，最多可包含 255 个。

（6）逻辑判断函数 IF（或称条件函数）

函数格式为 IF(logical_test,[value_if_true],[value_if_false])。

该函数实现的功能：如果 logical_test 逻辑表达式的计算结果为 TRUE，IF 函数将返回某个值，否则返回另一个值。

参数说明如下：

①logical_test：必需的参数，作为判断条件的任意值或表达式。在该参数中可使用比较运算符。

②value_if_true：可选的参数，logical_test 参数的计算结果为 TRUE 时所要返回的值。

③value_if_false：可选的参数，logical_test 参数的计算结果为 FALSE 时所要返回的值。

例如，IF(6>5,"A","B")的结果为 A。

此外，IF 函数可以嵌套使用，最多可以嵌套 7 层。

（7）条件计数函数 COUNTIF

函数格式为 COUNTIF(range,criteria)。

该函数用于计算指定区域中满足给定条件的单元格个数。

参数说明如下：

①range：必需的参数，计数的单元格区域。

②criteria：必需的参数，计数的条件，条件的形式可以为数字、表达式、单元格地址或文本。

（8）条件求和函数 SUMIF

函数格式为 SUMIF(range,criteria,sum_range)。

该函数用于对指定单元格区域中符合指定条件的值求和。

参数说明如下：

①range：必需的参数，用于条件判断的单元格区域。

②criteria：必需的参数，求和的条件，其形式可以为数字、表达式、单元格引用、文本或函数。

③sum_range：可选参数区域，要求和的实际单元格区域。如果 sum_range 参数被省略，Excel 会对在 range 参数中指定的单元格求和。

（9）排位函数 RANK

函数格式为 RANK(number,ref,order)。

该函数用于返回某数字在一列数字中相对于其他数值的大小排位。

参数说明如下：

①number：必需的参数，为指定的排位数字。

②ref：必需的参数，为一组数或对一个数据列表的引用（绝对地址引用）。

③order：可选参数，为指定排位的方式，0 值或忽略表示降序，非 0 值表示升序。

（10）截取字符串函数 MID

函数格式为 MID(text,start_num,num_chars)。

该函数用于从文本字符串中的指定位置开始返回特定个数的字符。

参数说明如下：

①text：必需的参数，包含要截取字符的文本字符串。

②start_num：必需的参数，文本中要截取字符的第 1 个字符的位置。文本中第 1 个字符的位置为 1，依次类推。

③num_chars：必需的参数，指定希望从文本串中截取的字符个数。

（11）取年份值函数 YEAR

函数格式为 YEAR(serial_number)。

该函数用于返回指定日期对应的年份值，返回值为 1900 到 9999 之间的数值。

参数说明：serial_number 为必需的参数，是一个日期值，其中必须要包含查找的年份值。

（12）文本合并函数 CONCATENATE

函数格式为 CONCATENATE(text1,text2,…)。

该函数用于将几个文本项合并为一个文本项，最多可将 255 个文本字符串连接成一个文本字符串。连接项可以是文本、数字、单元格地址或这些项目的组合。

参数说明：至少必须有一个文本项，最多可以有 255 个，文本项之间用逗号分隔。

注意：用户也可以用文本连接运算符"&"代替 CONCATENATE 函数来连接文本项。例如"=A1&B1"与"CONCATENATE(A1,B1)"返回的值相同。

4.3.3 单元格引用

Excel 可以通过单元格引用在公式中使用所有工作表上任意单元格的数据。根据单元格的地址被复制到其他地方时是否会跟着改变，单元格引用分为相对引用、绝对引用和混合引用。

1.相对引用

Excel 2016 默认的单元格引用为相对引用。相对引用是指在公式或者函数复制、移动时，公式或函数中单元格的行标、列标会根据目标单元格所在的行标、列标的变化自动进行调整。

相对引用的表示方法是直接使用单元格的地址，即表示为"列标行标"，如单元格 A6、单元格区域 B5:E8 等，这些写法都是相对引用。

2.绝对引用

绝对引用是指在公式或者函数复制、移动时，不论目标单元格在什么位置，公式中单元格的行标和列标均保持不变。

绝对引用的表示方法是在列标和行标前面加上符号"$"，即表示为"$列标$行标"，如单元格$A$6、单元格区域$B$5:$E$8 都是绝对引用的写法。

3.混合引用

如果在公式复制、移动时，公式中单元格的行标或列标只有一个要进行自动调整，而另一个保持不变，这种引用方式称为混合引用。

混合引用的表示方法是在行标或列标中的一个前面加上符号"$"，即"列标$行标""$列标行标"，如 A$1、B$5:E$8、$A1、$B5:$E8 等都是混合引用的写法。

4.3.4 常见出错信息及其解决方法

在使用 Excel 公式或函数进行计算时，有时不能正确地计算出结果，并且单元格内会显示出各种错误信息，下面介绍几种常见的错误信息及其解决方法。

1.####

这种错误信息常见于列宽不够。

解决方法：调整列宽。

2.#DIV/0！

这种错误信息表示除数为 0，常见于公式中除数为 0 或在公式中除数使用了空单元格的情况下。

解决方法：修改单元格引用，用非零数字填充。如果必须使用 0 或引用空单元格，也可以用 IF 函数使该错误信息不再显示。例如，该单元格中的公式原本是"=A5/B5"，若 B5 可能为零或空单元格，那么可将该公式修改为"=IF(B5=0,,A5/B5)"，这样当 B5 单元格为零或为空时就不显示任何内容，否则显示 A5/B5 的结果。

3.#N/A

这种错误信息通常出现在数值或公式不可用时。例如，当想在 F2 单元格中使用函数"=RANK(E2,$E$2:$E$96)"求 E2 单元格数据在 E2:E96 单元格区域中的名次，但 E2 单元格中却没有输入数据时，就会出现此类错误信息。

解决方法：在单元格 E2 中输入新的数值。

4.#REF!

这种错误信息的出现是因为移动或删除单元格导致了无效的单元格引用，或者是函数返回了引用错误信息。例如，当 Sheet2 工作表的 D 列单元格引用了 Sheet1 工作表的 D 列单元格数据，后来 Sheet1 工作表中的 D 列被删除了时，就会出现此类错误。

解决方法：重新修改公式，恢复被引用的单元格范围或重新设定引用范围。

5.#!

这种错误信息常出现在公式使用的参数错误的情况下。例如，要使用公式"=A7+A8"计算 A7 与 A8 两个单元格的数字之和，但是 A7 或 A8 单元格中存放的数据是姓名不是数字，这时就会出现此类错误。

解决方法：确认所用公式参数没有错误，并且公式引用的单元格中包含有效的数据。

6.#NUM!

这种错误出现在当公式或函数中使用无效的参数时，即公式计算的结果过大或过小，超出 Excel 的范围（正负 10 的 307 次方之间）。例如，在单元格中输入公式"=10^300*100^50"，按 Enter 键后即会出现此错误。

解决方法：确认函数中使用的参数正确。

7.#NULL!

这种错误信息出现在试图为两个并不相交的区域指定交叉点时。例如，当使用 SUM 函数对 A1:A5 和 B1:B5 两个区域求和，使用公式"=SUM(A1:A5 B1:B5)"（注意：A5 与 B1 之间有空格）时，便会因为对并不相交的两个区域使用交叉运算符（空格）而出现此错误。

解决方法：取消两个范围之间的空格，用逗号来分隔不相交的区域。

8.#NAME?

这种错误信息出现在 Excel 不能识别公式中的文本时，如函数拼写错误、公式中引用某区域时没有使用冒号、公式中的文本没有用双引号等。

解决方法：尽量使用 Excel 所提供的各种向导完成函数输入，如使用插入函数的方法来插入各种函数、用鼠标拖动的方法来完成各种数据区域的输入等。

另外，在某些情况下不可避免地会产生错误。如果希望打印时不打印错误信息，可以单击"文件"按钮，在打开的 Backstage 视图中单击"打印"命令，再单击"页面设置"命令打开"页面设置"对话框，切换至"工作表"选项卡，在"错误单元格打印为"下拉列表中选择"<空白>"选项，确定后将不会打印错误信息。

4.4 Excel 2016 的图表

Excel 可将工作表中的数据以图表的形式展示，这样可使数据更直观、更易于理解，同时也有助于用户分析数据，比较不同数据之间的差异。当数据源发生变化时，图表中对应的数据也会自动更新。Excel 的图表类型有包括二维图表和三维图表在内的十几类，每一类又有若干子类型。

根据图表显示的位置不同可以将图表分为两种：一种是嵌入式图表，它和创建图表使用的数据源放在同一个工作表中；另一种是独立图表，即创建的图表另存为一个工作表。

4.4.1 Excel 图表概述

如果要建立 Excel 图表，首先要对需要建立图表的 Excel 工作表进行认真分析：一是要考虑选取工作表中的哪些数据，即创建图表的可用数据；二是要考虑建立什么类型的图表；三是要考虑对组成图表的各种元素如何进行编辑和格式设置。只有这样，才能使创建的图表形象、直观，具有专业化和可视化效果。

创建一个专业化的 Excel 图表的一般操作步骤如下：

第一，选择数据源：从工作表中选择创建图表的可用数据。

第二，选择合适的图表类型及其子类型，创建初始化图表：选择"插入"选项卡的"图表"工具组。"图表"工具组主要用于创建各种类型的图表，创建方法常用下面两种：

①如果已经确定需要创建某种类型的"图表"，如饼图或圆环图，则直接在"图表"工具组单击饼图和圆环图的下三角按钮，在下拉列表中选择一个子类型即可。

②如果创建的图表不在"图表"工具组所列项中，则可单击"查看所有图表"按钮，打开"插入图表"对话框。该对话框包括"推荐的图表"和"所有图表"两个选项，推荐的图表是根据用户所选数据源，由系统建议用户使用的图表。如果对系统推荐的图表类型不满意，可切换至"所有图表"选项卡，其会列出所有图表类型。用户可在对话框左侧列表中选择一种类型，右侧可预览效果。例如，在左侧选择柱形图，在右侧选择簇状柱形图，如图 4-30 所示。图表类型选择后单击"确定"按钮。

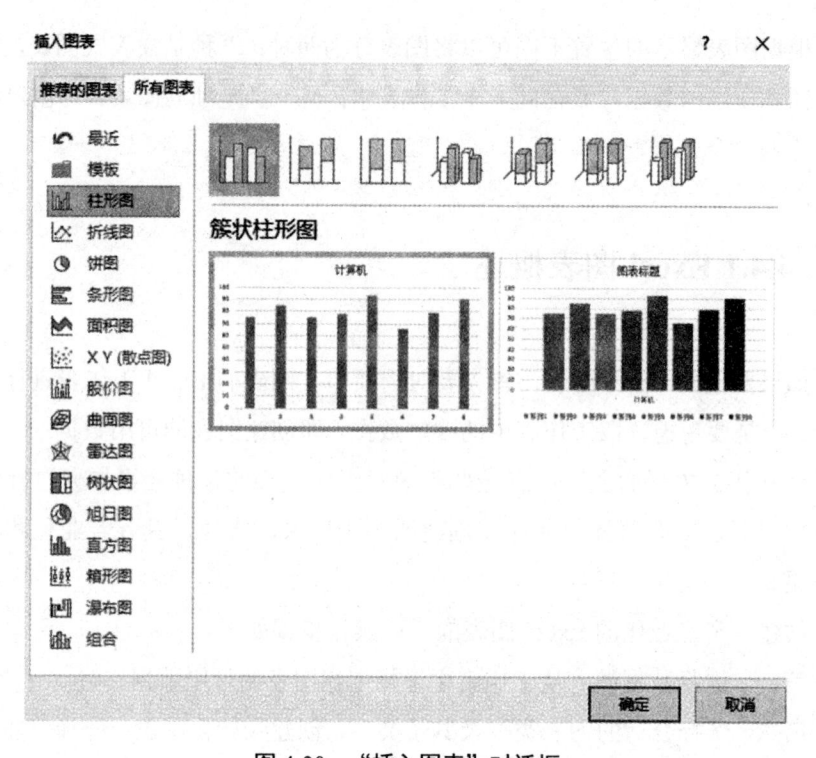

图 4-30 "插入图表"对话框

通过以上 2 种方法创建的图表仅为一个没有经过编辑和格式设置的初始化图表。

第三，对创建的初始化图表进行编辑和格式化设置，以满足个性化的需要。

如图 4-30 所示，Excel 2016 中提供了 15 种图表类型，每一种图表类型又包含了少到几种多到十几种不等的子图表类型。在创建图表时，用户需要针对不同的应用场合和不同的使用范围选择不同的图表类型及其子类型。下面对几种常见图表类型及其用途作简要说明。

①柱形图：用于比较一段时间中两个或多个项目的相对大小。

②折线图：按类别显示一段时间内数据的变化趋势。

③饼图：在单组中描述部分与整体的关系。

④条形图：在水平方向上比较不同类型的数据。

⑤面积图：强调一段时间内数值的相对重要性。

⑥XY（散点图）：描述两种相关数据的关系。

⑦股价图：综合了柱形图和折线图，专门用来跟踪股票价格。

⑧曲面图：一个三维图，当第 3 个变量变化时跟踪另外两个变量的变化。

⑨圆环图：以一个或多个数据类别来对比部分与整体的关系，在中间有一个更灵活的饼图。

⑩气泡图：突出显示值的聚合，类似于散点图。

⑪雷达图：表明数据或数据频率相对于中心点的变化。

4.4.2 创建初始化图表

创建初始化图表的操作步骤如下：

第一，选定要创建图表的数据区域。

第二，"插入"选项卡"图表"工具组中的"柱形图"下三角按钮，从下拉列表的子类型中选择"二维簇状柱形图"，生成初始化图表。

4.4.3 图表的编辑和格式化设置

在初始化图表建立后，往往需要使用"图表工具"→"设计"/"格式"选项卡中的相应功能按钮；或者双击图表区某元素所在区域，在弹出的设置某元素格式的选项框中选择相应的命令；或者右击图表区任何位置，在弹出的快捷菜单中选择相应的命令，从而实现对初始化图表的编辑和格式化设置。

单击选中图表或图表区的任何位置，即会弹出"图表工具"→"设计"/"格式"选项卡。下面简单介绍这两个选项卡的使用。

"图表工具"→"设计"选项卡主要包括"图表布局""图表样式""数据""类型"和"位置"等 5 个工具组，如图 4-31 所示。"图表布局"工具组包括"添加图表元素"和"快速布局"两个按钮。"添加图表元素"按钮主要用于图表标题、数据标签和图例的设置。"快速布局"按钮用于布局类型的设置。"图表样式"工具组用于图表样式和颜色的设置。"数据"工具组包括"切换行/列"和"选择数据"两个按钮，主要用于行、列的切换和选择数据源。"类型"工具组主要用于改变图表类型。"位置"工具组用于创建嵌入式或独立式图表。

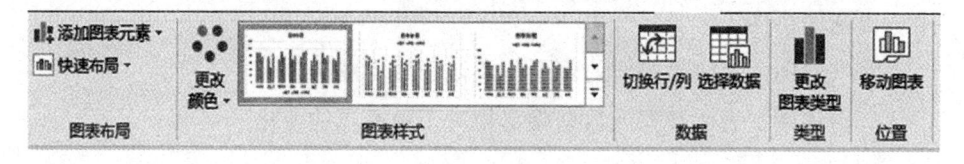

图 4-31　"图表工具"→"设计"选项

"图表工具"→"格式"选项卡主要包括"当前所选内容""插入形状""形状样式""艺术字样式""排列"和"大小"等几个工具组，主要用于图表格式的设置，如图 4-32 所示。用户还可通过双击图表中某元素所在区域，在弹出的选项框中进行图表格式的设置。

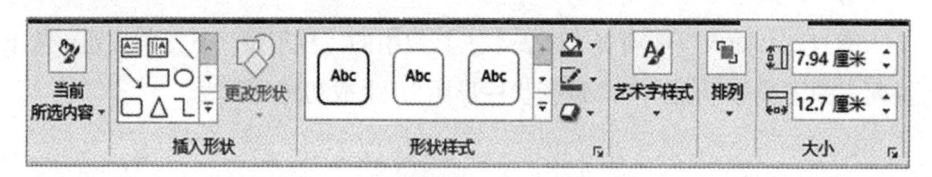

图 4-32　"图表工具"→"格式"选项

4.5 Excel 2016 的数据处理

　　Excel 不仅具有数据计算功能，而且具有高效的数据处理能力，它可对数据进行排序、分类汇总、筛选等。Excel 操作方便、直观、高效，比一般数据库更胜一筹，充分地发挥了它在表格处理方面的优势，因而得到广泛应用。

4.5.1 数据清单

数据清单又称数据列表，是由工作表中的单元格构成的矩形区域，即一张二维表。其特点如下：

①与数据库相对应，一张二维表称为一个关系；二维表中的一列为一个"字段"，又称为"属性"；一行为一条"记录"，又称为元组；第一行为表头，又称"字段名"或"属性名"。图 4-33 所示的数据表包含 6 个字段 8 条记录。

②表中不允许有空行空列，因为如果出现空行空列，会影响 Excel 对数据的检测和选定数据列表。每一列必须是性质相同、类型相同的数据，如字段名是"姓名"，则该列存放的数据必须全部是姓名；同时表中不能出现完全相同的两个数据行。

数据清单完全可以像一般工作表一样直接建立和编辑。

	A	B	C	D	E	F
1	学号	姓名	性别	语文	英语	计算机
2	20230501	李乐南	男	88	87	75
3	20230502	王红云	女	75	45	85
4	20230503	胡东东	男	68	90	75
5	20230504	张清	男	96	68	78
6	20230505	刘可	女	75	88	93
7	20230506	董艺	女	64	82	66
8	20230507	艾歌	男	87	73	79
9	20230508	孙晓	女	70	65	90

图 4-33 Excel 数据清单

4.5.2 数据排序

数据排序是指按一定规则对数据进行整理、排列。数据表中的记录按用户输入的先后顺序排列以后，往往需要按照某一属性（列）顺序显示。例如，在学生成绩表中统计成绩时，常常需要按成绩从高到低或从低到高显示，这就需要对成绩进行排序。用户可对数据清单中一列或多列数据按升序（数字1→9，字母A→Z）或降序（数字9→1，字母Z→A）排序。数据排序分为简单排序和多重排序。

1. 简单排序

在"数据"选项卡的"排序和筛选"工具组中单击"升序"或"降序"按钮，即可实现简单的排序。

2. 多重排序

使用"排序和筛选"工具组中的"升序"按钮和"降序"按钮只能按一个字段进行简单排序，当排序的字段出现相同数据项时必须按多个字段进行排序，即多重排序。多重排序一定要使用对话框来完成。Excel 2016 为用户提供了多级排序功能，包括主要关键字、次要关键字……每个关键字就是一个字段，每一个字段均可按"升序"（即递增方式）或"降序"（即递减方式）进行排序。

4.5.3 数据分类汇总

数据分类汇总是指对数据清单某个字段中的数据进行分类，并对各类数据快速进行统计计算。Excel 2016 提供了 11 种汇总类型，包括求和、计数、统计、最大、最小及平均值等，默认的汇总方式为求和。在实际工作中人们常常需要对一系列数据进行小计和合计，这时可以使用 Excel 提供的分类汇总功能。

需要特别指出的是，在分类汇总之前用户必须先对需要分类的数据项进行排序，然后再按该字段进行分类，并分别为各类数据的数据项进行统计汇总。

4.5.4 数据筛选

筛选是指从数据清单中找出符合特定条件的数据记录,也就是把符合条件的记录显示出来,而把其他不符合条件的记录暂时隐藏起来。Excel 2016 提供了两种筛选方法,即自动筛选和高级筛选。一般情况下,自动筛选就能够满足大部分的需要;但是,当需要利用复杂的条件来筛选数据时,就必须使用高级筛选。

1.自动筛选

自动筛选给用户提供了快速访问数据清单的方法。

例 1:在音乐教育学院公共课成绩表中显示"语文"成绩排在前 5 位的记录。

操作步骤如下:

第一,选定学生成绩表中的任意一个单元格。

第二,在"数据"选项卡的"排序和筛选"工具组中单击"筛选"按钮。此时数据表的每个字段名旁边显示出下三角箭头,此为筛选器箭头,如图 4-34 所示。

	A	B	C	D	E	F
1	音乐教育学院公共课成绩表					
2	学号	姓名	性别	语文	英语	计算机
3	20230506	董艺	女	64	82	66
4	20230502	王红云	女	75	45	85
5	20230508	孙晓	女	70	65	90
6	20230505	刘可	女	75	88	93
7	20230501	李乐南	男	88	87	75
8	20230503	胡东东	男	68	90	75
9	20230507	艾歌	男	87	73	79
10	20230504	张清	男	96	68	90
11						

图 4-34 含有筛选器箭头的数据表

第三，单击"语文"字段名旁边的筛选器箭头，弹出下拉列表，选择"数字筛选"→"前10项"选项，打开"自动筛选前10个"对话框。

第四，在"自动筛选前10个"对话框中指定"显示"的条件为"最大""5""项"，如图4-35所示。

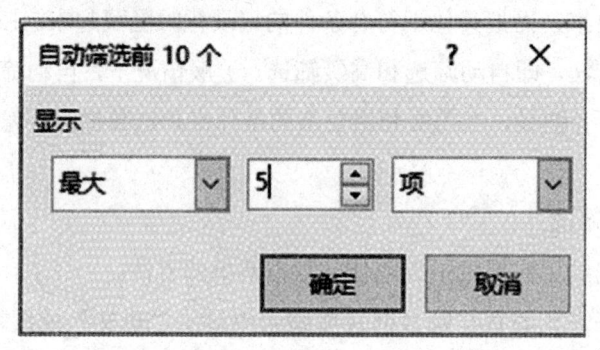

图 4-35　设置显示条件

第五，单击"确定"按钮关闭对话框，即会在数据表中显示出语文成绩最高的5条记录，其他记录被暂时隐藏起来，被筛选出来的记录行号突出显示，该列的列号右边的筛选器箭头也突出显示，如图4-36所示。

	A	B	C	D	E	F
1	音乐教育学院公共课成绩表					
2	学号	姓名	性别	语文	英语	计算机
3	20230501	李乐南	男	88	87	75
6	20230504	张清	男	96	68	90
9	20230507	艾歌	男	87	73	79
11	20230509	王茹娟	女	80	85	79
12	20230510	赵丽	女	76	60	70
13						

图 4-36　自动筛选"语文"成绩前 5 记录

例 2：在音乐教育学院公共课成绩表中筛选出英语成绩大于 80 分且小于 90 分的记录。

操作步骤如下：

第一，选中学生成绩表中的任一单元格。

第二，按例1第二步操作将数据表置于筛选器中。

第三，单击"英语"字段名旁边的筛选器箭头，从打开的下拉列表中选择"数字筛选"→"自定义筛选"选项，打开"自定义自动筛选方式"对话框，在其中一个输入条件中选择"大于"，右边的文本框中输入"80"；另一个输入条件中选择"小于"，右边的文本框中输入"90"；两个条件之间的关系选项选择"与"单选按钮，如图4-37所示。

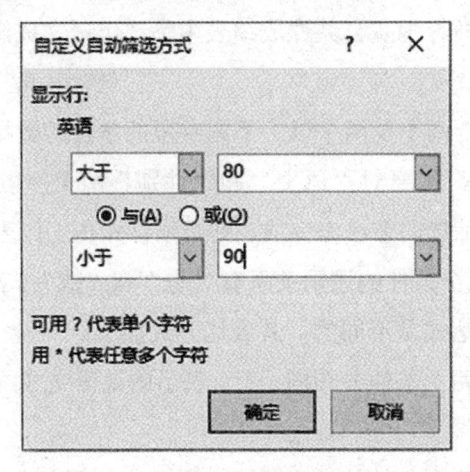

图4-37 "自定义自动筛选方式"对话框

第四，单击"确定"按钮关闭对话框，即可筛选出英语成绩满足条件的记录，如图4-38所示。

图4-38 自动筛选出英语成绩满足条件的记录

2.高级筛选

如果数据区域中的标题比较多，筛选的条件也比较多，自动筛选就显得非常麻烦，这时可以使用高级筛选功能进行处理。高级筛选是根据"条件区域"设置筛选条件而进行的筛选，使用时需要先在编辑区输入筛选条件再进行筛选。条件区域的第一行是所有作为筛选条件对应的字段名（一般为标题），这些字段名必须与数据区域的字段名完全一样，但条件区域内部一定包含数据区域中所有的字段名。

例3：在音乐教育学院公共课成绩表中筛选出语文成绩大于80分的男生的记录。

分析：要将符合两个及两个以上不同字段的条件的数据筛选出来，倘若使用自动筛选来完成，需要对"语文"和"性别"两个字段分别进行筛选来实现。如果使用高级筛选的方法来完成，则必须首先在工作表的一个区域设置条件，即条件区域。两个条件的逻辑关系有"与"和"或"。在条件区域，"与"和"或"的关系表达式是不同的，其表达方式如下：

"与"条件将两个条件放在同一行，表示的是语文成绩大于80分的男生，如图4-39所示。

"或"条件将两个条件放在不同行，表示的是语文成绩大于80分或者是男生，如图4-40所示。

语文	性别
>80	男

图4-39 "与"条件

语文	性别
>80	
	男

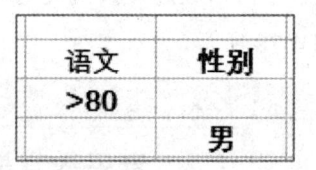

图4-40 "或"条件

操作步骤如下：

第一，输入条件区域。打开音乐教育学院公共课成绩表，在B14单元格中输入"语文"，在C14单元格中输入"性别"，在B15单元格中输入">80"，在C15单元格中输入"男"。

第二，在工作表中选中 A2:F12 单元格区域或其中的任意一个单元格。

第三，单击"数据"选项卡"排序和筛选"工具组中的"高级"按钮，打开"高级筛选"对话框，如图 4-41 所示。

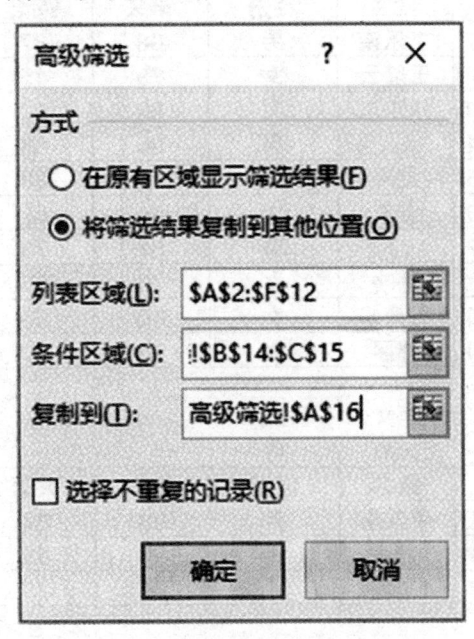

图 4-41 "高级筛选"对话框

第四，在对话框的"方式"选项组中选中"将筛选结果复制到其他位置"单选按钮。

第五，如果列表区为空白，可单击"列表区域"编辑框右边的拾取按钮，然后用鼠标从列表区域的 A2 单元格拖动到 F12 单元格，这时输入框中出现 $A$2:$F$12。

第六，单击"条件区域"编辑框右边的拾取按钮，然后用鼠标从条件区域的 B14 拖动到 C15，这时输入框中出现$B$14:$C$15。

第七，单击"复制到"编辑框右边的拾取按钮，然后选择筛选结果显示区域的第一个单元格 A6。

第八，单击"确定"按钮关闭对话框，筛选结果如图 4-42 所示。

	A	B	C	D	E	F
1	音乐教育学院公共课成绩表					
2	学号	姓名	性别	语文	英语	计算机
3	20230501	李乐南	男	88	87	75
4	20230502	王红云	女	75	45	85
5	20230503	胡东东	男	68	90	75
6	20230504	张清	男	96	68	90
7	20230505	刘可	女	75	88	93
8	20230506	董艺	女	64	82	66
9	20230507	艾歌	男	87	73	79
10	20230508	孙晓	女	70	65	90
11	20230509	王茹娟	女	80	85	79
12	20230510	赵丽	女	76	60	70
13						
14			语文	性别		
15			>80	男		
16	学号	姓名	性别	语文	英语	计算机
17	20230501	李乐南	男	88	87	75
18	20230504	张清	男	96	68	90
19	20230507	艾歌	男	87	73	79
20						

图 4-42 高级筛选结果

第 5 章　PowerPoint 2016 演示文稿

PowerPoint 2016 是微软公司 Office 2016 办公系列软件之一，也是目前主流的一款演示文稿制作软件。它能将文本与图形图像、音频及视频等多媒体信息有机结合，将用户的思想意图生动、明快地展现出来。PowerPoint 2016 不仅功能强大，而且易学易用，兼容性好，应用面广，是多媒体教学、演说答辩、会议报告、广告宣传及商务洽谈最有力的辅助工具。

【学习目标】
- 掌握制作演示文稿的基本操作和新建、编辑、放映演示文稿的方法。
- 熟悉 PowerPoint 2016 的窗口组成。
- 掌握设计动画效果、幻灯片切换效果和设置超链接的方法。
- 学会套用设计模板、使用主题和母版。
- 了解打印和打包演示文稿的方法。

5.1 PowerPoint 2016 概述

本节将主要介绍 PowerPoint 2016 的主要功能、窗口、文档格式和视图方式，为学习者更好地理解和学习 PowerPoint 2016 奠定基础。

5.1.1 PowerPoint 2016 的主要功能

1. 多种媒体高度集成

演示文稿支持插入文本、图表、艺术字、公式、音频及视频等多种媒体信息。PowerPoint 2016 新增了墨迹公式、多样化图表和屏幕录制等新功能，有助于工作效率的提升和数据的可视化呈现。

2. 模板和母版自定风格

使用模板和母版能快速生成风格统一、独具特色的演示文稿。模板提供了演示文稿的格式、配色方案、母版样式及产生特效的字体样式等。PowerPoint 提供了多种美观大方的模板，也允许用户创建和使用自己的模板。

3. 内容动态演绎

动画是演示文稿的一个亮点，各幻灯片间的切换可通过切换方式进行设定，幻灯片中各对象的动态展示可通过添加动画效果来实现。PowerPoint 2016 新增了"平滑"的切换方式，可实现连贯变化的效果。

4. 共享方式多样化

演示文稿共享方式有"使用电子邮件发送""以 PDF/XPS 形式发送""创建为讲义""广播幻灯片"及"打包到 CD"等。PowerPoint 2016 将共享功能和 OneDrive 进行了整合。用户通过"文件"按钮的"共享"界面，可以直接将文件保存到 OneDrive 中，可实现同时多人协作编辑文档。

5. 各版本间的兼容性

PowerPoint 2016 向下兼容 PowerPoint 97—2013 版本的 PPT、PPS、POT 文件，可以打开多种格式的 Office 文档、网页文件等，保存的格式也更加多样。

5.1.2 PowerPoint 2016 窗口

PowerPoint 2016 的启动和退出操作与 Word 2016 基本相同，在此不再赘述。启动 PowerPoint 2016 程序后即打开 PowerPoint 2016 窗口，如图 5-1 所示。

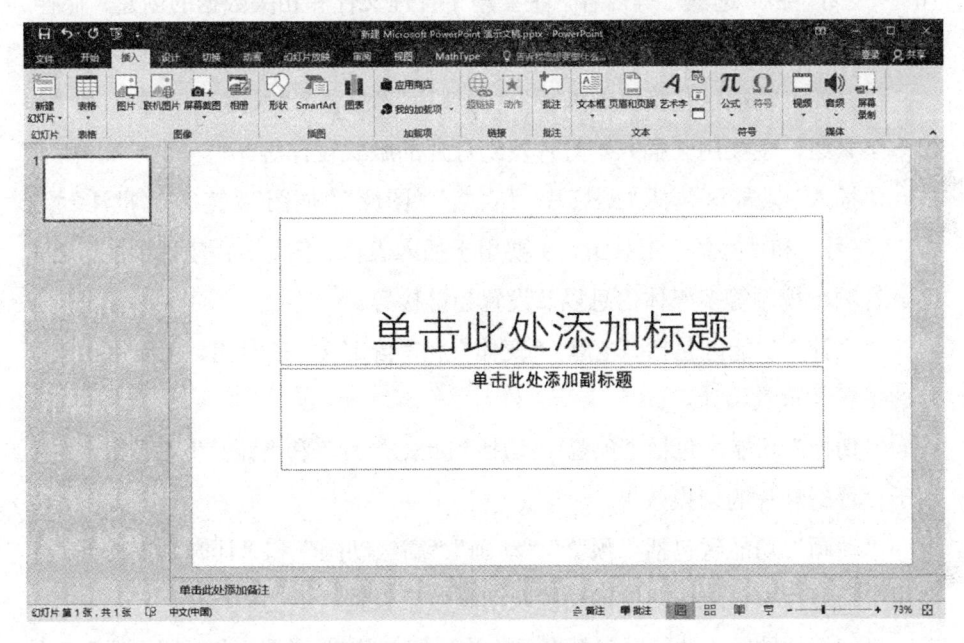

图 5-1　PowerPoint 2016 窗口

PowerPoint 2016 窗口主要由标题栏、选项卡与功能区、幻灯片编辑区、缩略图窗格、备注窗格、状态栏和视图栏等部分组成。下面就 PowerPoint 2016 窗口做简要介绍。

1．标题栏

标题栏位于工作界面的顶端，自左至右显示的是快速访问工具栏、标题、登录账号、功能区显示选项按钮、窗口控制按钮。其中，快速访问工具栏中包含常用操作的快捷按钮，方便用户使用。在默认状态下，只有"保存""撤销"和"恢复"3 个按钮，单击右侧的下拉按钮可添加其他快捷按钮。

2.选项卡与功能区

PowerPoint 2016 的选项卡包括"文件""开始""插入""设计""切换""动画""幻灯片放映""审阅"和"视图"等,单击某选项卡即打开相应的功能区。

"文件"又称"文件"按钮,包括"新建""打开""保存""另存为""打印""关闭"和"选项"等内容,主要用于管理文件和相关数据的创建、保存、打印及个人信息设置等。

"开始"功能区包括"剪贴板""幻灯片""字体""段落""绘图"和"编辑"工具组,主要用于插入幻灯片及幻灯片的版式设计等。

"插入"功能区包括"幻灯片""表格""图像""插图""链接""批注""文本""符号"和"媒体"工具组,主要用于插入表格、图片、图表、批注、艺术字、音频、视频等多媒体信息以及设置超链接等。

"设计"功能区包括"主题""变体"和"自定义"工具组,主要用于幻灯片的主题及背景设计。

"切换"功能区包括"预览""切换到此幻灯片"和"计时"工具组,主要用于设置幻灯片的切换效果。

"动画"功能区包括"预览""动画""高级动画"和"计时"工具组,主要用于幻灯片中被选中对象的动画及动画效果设置。

"幻灯片放映"功能区包括"开始放映幻灯片""设置"和"监视器"工具组,主要用于放映幻灯片及幻灯片放映方式设置。

"审阅"功能区包括"校对""语言""中文简繁转换""批注"和"比较""墨迹"等工具组,主要实现文稿的校对和插入批注等。

"视图"功能区包括"演示文稿视图""母版视图""显示""显示比例""颜色/灰度""窗口"和"宏"工具组,主要实现演示文稿的视图方式选择。

3.幻灯片编辑区

幻灯片编辑区又名工作区,是 PowerPoint 的主要工作区域,在此区域可以对幻灯片进行各种操作,如添加文字、图形、影片、声音,创建超链接,设置幻片的切换效果和幻灯片中对象的动画效果等。需要注意的是,工作区不能同时显示多张幻灯片的内容。

4.缩略图窗格

缩略图窗格也称大纲窗格，显示了幻灯片的排列结构，每张幻灯片前会显示对应编号，用户可在此区域编排幻灯片顺序。单击此区域中的不同幻灯片，可以实现工作区内幻灯片的切换。

5.备注窗格

备注窗格也叫作备注区，可以添加演说者希望与观众共享的信息或者供以后查询的其他信息。若需要向其中加入图形，必须切换到备注页视图模式下操作。

6.状态栏和视图栏

状态栏位于窗口最下方，主要显示幻灯片页面信息（第×张，共×张）、语言等内容。用户通过单击视图切换按钮能方便、快捷地实现不同视图方式的切换。视图栏从左至右依次是"普通视图"按钮、"幻灯片浏览视图"按钮、"阅读视图"按钮、"幻灯片放映"按钮。需要特别说明的是，单击"幻灯片放映"按钮只能从当前选中的幻灯片开始放映。

5.1.3 文档格式和视图方式

1.PowerPoint 2016 文档格式

演示文稿自 PowerPoint 2007 版本开始之后的版本都是基于新的 PPT 的压缩文件格式，在传统的文件扩展名后面添加了字母"x"或"m"，"pptx"表示不含宏的 PPT 文件，"pptm"表示含宏的 PPT 文件。

2.PowerPoint 2016 视图方式

所谓视图，即幻灯片呈现在用户面前的方式。PowerPoint 2016 提供了 5 种不同的视图方式，分别为普通视图、大纲视图、幻灯片浏览视图、备注页视图、阅读视图。

(1) 普通视图

普通视图是 PowerPoint 2016 的默认视图，也是最常用的视图方式，几乎所有编辑操作都可以在普通视图下进行。普通视图包括幻灯片编辑区、大纲窗格和备注窗格，拖动各窗格间的分隔边框可以调节各窗格的大小。

(2) 大纲视图

大纲视图包括大纲窗格、幻灯片缩略图窗格和幻灯片备注页窗格。其中，大纲窗格会显示演示文稿的文本内容和组织结构，不显示图形、图像、图表等对象。在大纲视图下编辑演示文稿，用户可以调整各幻灯片的前后顺序；在一张幻灯片内可以调整标题的层次级别和前后次序；可以将某幻灯片的文本复制或移动到其他幻灯片中。

(3) 幻灯片浏览视图

幻灯片浏览视图是以缩略图的形式显示幻灯片，可同时显示多张幻灯片。用户在该视图下对幻灯片进行操作时，是以整张幻灯片为单位，具体的操作有复制、删除、移动、隐藏及幻灯片效果切换等。

(4) 备注页视图

备注页视图用于显示和编辑备注页内容，上方显示幻灯片，下方显示该幻灯片的备注信息。

(5) 阅读视图

为加强对幻灯片的查看效果，增强用户体验感，在该视图下，幻灯片的编辑工具被隐藏，默认状态下仅保留标题栏和状态栏，若想使体验感更佳，还可切换到全屏模式。

5.2 PowerPoint 2016 演示文稿的制作

采用 PowerPoint 制作的文档叫演示文稿。采用 PowerPoint 制作的演示文稿的扩展名为".pptx"，一个演示文稿由若干张幻灯片组成。幻灯片是构成演示文稿的基本单位，演示文稿中各种媒体信息的添加均以幻灯片为载体。幻灯片的放映也是以幻灯片为单位，按照顺序逐一播放。

如果要制作一个专业化的演示文稿，首先需要了解制作演示文稿的一般流程。制作演示文稿的一般流程如下：

第一，创建一个新的演示文稿。毫无疑问，这是制作演示文稿的第一步，用户也可以打开已有的演示文稿，加以修改后另存为一个新的演示文稿。

第二，添加新幻灯片。一个演示文稿往往由若干张幻灯片组成，在制作过程中添加新幻灯片是经常进行的操作。

第三，编辑幻灯片内容。主要包括：在幻灯片上输入必要的文本，插入相关图片、表格、音频、视频等媒体信息。

第四，美化、设计幻灯片。主要包括：设置文本格式，调整幻灯片上各对象的位置，设计幻灯片的外观。

第五，放映演示文稿。主要包括：设置放映时的动画效果，编排放映幻灯片的顺序，录制旁白，选择合适的放映方式，检验演示文稿的放映效果。如果用户对效果不满意，可返回普通视图进行修改。

第六，保存演示文稿。如果不保存，文档的编辑工作将前功尽弃，为防止信息意外丢失，建议在制作过程中随时保存。

第七，将演示文稿打包。这一步并非必需的，需要时才操作。

注意：在制作演示文稿前应做好准备工作，例如构思文稿的主题、内容、结构、演说流程，收集好音乐、图片等媒体素材。

5.2.1 演示文稿的新建、保存、打开与关闭

1.新建演示文稿

启动 PowerPoint 2016 后，即进入初始页面，单击左侧选项板的"新建"按钮后，右侧窗口显示出两种演示文稿的新建方式，分别为新建空白演示文稿和提供样本模板、主题的演示文稿。

（1）新建空白演示文稿

空白演示文稿的幻灯片没有任何背景图片和内容，给予用户最大的自由，用户可以根据个人喜好设计独具特色的幻灯片，可以更加精确地控制幻灯片的样式和内容，因此创建空白演示文稿具有更大的灵活性。创建空白演示文稿的操作方法有如下几种：

①通过快捷菜单创建。在桌面空白处右击，在弹出的快捷菜单中选择"新建"→"Microsoft PowerPoint 演示文稿"命令，在桌面上将新建一个空白演示文稿，如图 5-2 所示。

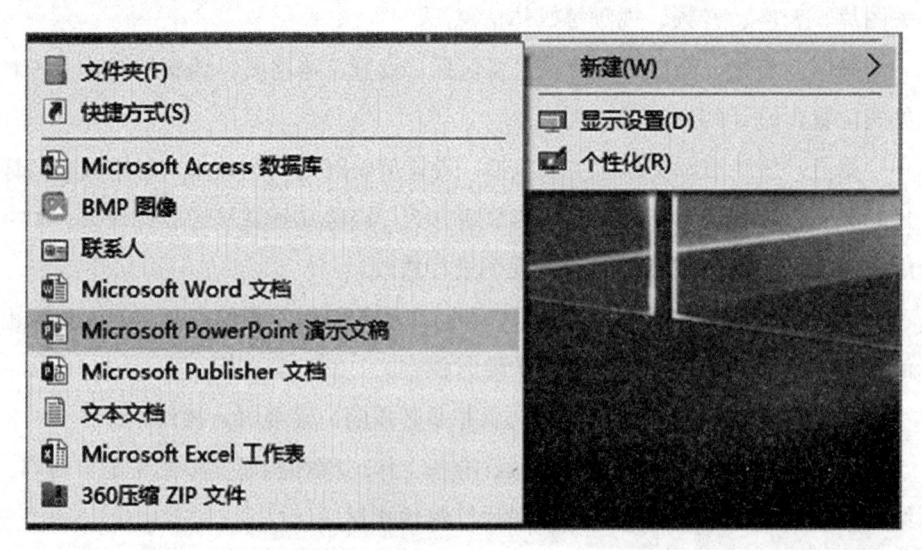

图 5-2　通过快捷菜单创建空白演示文稿

②通过命令创建。在启动 PowerPoint 2016 后，单击"文件"菜单中的"新建"命令，然后单击"新建"栏中的"空白演示文稿"按钮即可创建一个空演示文稿，如图 5-3 所示。

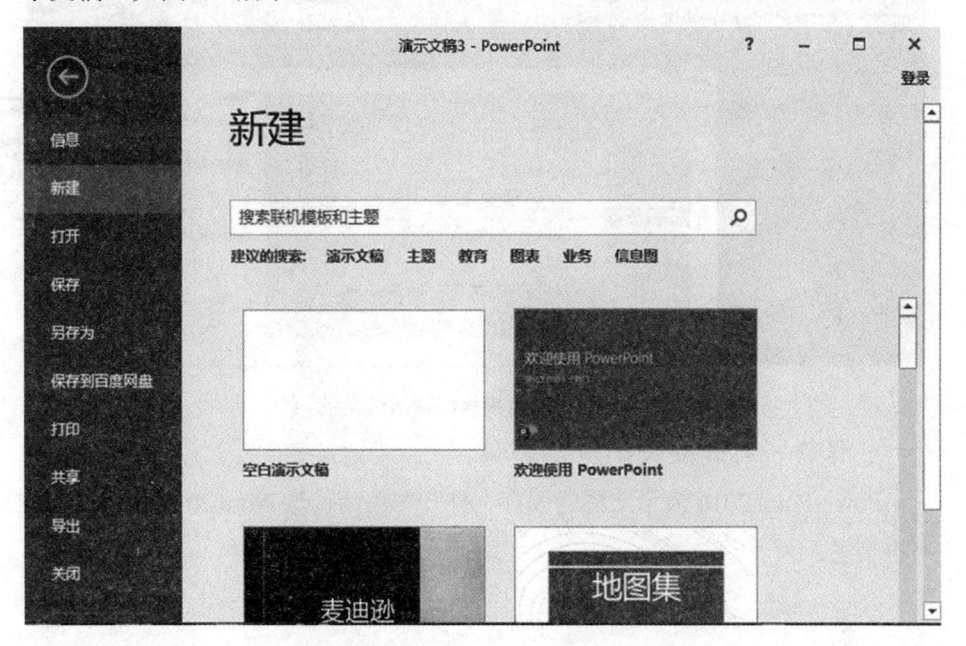

图 5-3 通过命令创建空白演示文稿

③通过快捷键新建空白演示文稿。在启动 PowerPoint 2016 后，使用快捷键"Ctrl+N"也可快速新建一个空白演示文稿。

（2）套用模板创建演示文稿

PowerPoint 2016 根据内容提供了一些格式制作完成的演示文稿，这些演示文稿称为模板。PowerPoint 2016 提供了联机搜索模板和主题功能，可以通过互联网搜索寻找符合需求的模板。对于制作演示文稿的新手，可利用这些提供的模板来进行创建，其方法与通过命令按钮创建空白演示文稿的方法类似：启动 PowerPoint 2016，选择"文件"菜单中的"新建"命令，在打开的文件界面右侧选择所需的模板，单击所选模板，打开模板浏览窗口，单击"创建"命令即可创建一个带模板的演示文稿，如图 5-4 所示。在 PowerPoint 2016 中，模板分

为 3 种，可根据所需内容选择相应的主题和模板创建演示文稿。

图 5-4　利用模板创建演示文稿

2.保存、打开和关闭演示文稿

PowerPoint 2016 演示文稿的保存、打开和关闭，与 Word 2016 相同，在此不再赘述。

5.2.2　幻灯片的基本操作

1.选择幻灯片

选择幻灯片是对幻灯片进行各种编辑操作的第一步，该操作可以在普通视图或者幻灯片浏览视图的窗格中完成。

①选择一张幻灯片：单击某张幻灯片，该幻灯片就会切换成当前幻灯片。

②选择多张连续的幻灯片：先选中第一张幻灯片，再按住 Shift 键单击最后一张幻灯片。

③选择多张不连续的幻灯片：按住 Ctrl 键单击各张待选幻灯片。

④选择全部幻灯片：在视图窗格或"幻灯片浏览视图"模式中，使用快捷键"Ctrl＋A"，可选择当前演示文稿中所有的幻灯片。

2.插入新幻灯片

新建的空白演示文稿中默认有一张幻灯片，但在制作幻灯片时，一个演示文稿一般需要有若干张幻灯片。插入新幻灯片有多种方法，无论哪一种方法，首先都是要确定插入位置。这可以通过单击缩略图窗格中的某张幻灯片，也可以通过在缩略图窗格中两张幻灯片之间的灰色区域单击定位光标来实现，如图 5-5 所示，新幻灯片均在光标之后插入。下面介绍 4 种插入新幻灯片的方法：

①确定插入位置，在"开始"选项卡下单击"新建幻灯片"命令，如图 5-6 所示。

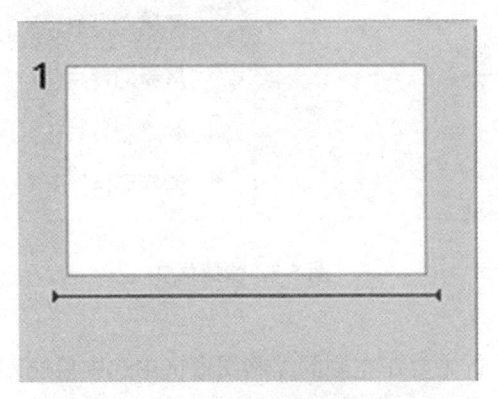

图 5-5　确定光标位置

图 5-6　幻灯片组

②确定插入位置，按 Enter 键。

③确定插入位置，按"Ctrl＋M"组合键。

④确定插入位置，右击鼠标，在弹出的快捷菜单中选择"新建幻灯片"命令，如图 5-7 所示。

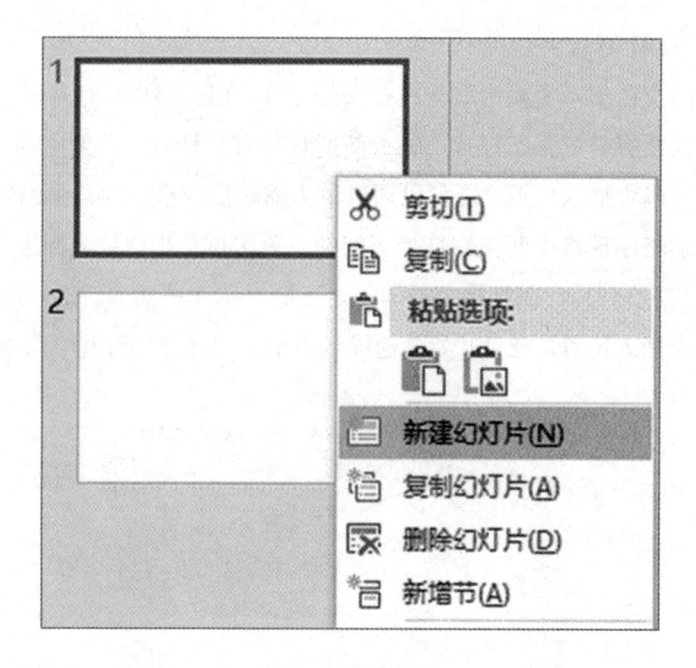

图 5-7　快捷菜单

3.删除幻灯片

删除幻灯片，首先要在左侧的缩略图窗格中选中待删幻灯片，然后在选中的对象上右击，在弹出的快捷菜单中选择"删除幻灯片"命令；也可以选中待删幻灯片后，直接按 Delete 键或 Backspace 键。

4.移动、复制幻灯片

（1）移动幻灯片

移动幻灯片会改变幻灯片的位置，影响放映的先后顺序。移动幻灯片的方法有以下两种：

①剪贴板法。具体操作如下：

第一，在缩略图窗格中选择要移动的幻灯片，可以是一张，也可以是多张。

第二，选中幻灯片后右击，在弹出的快捷菜单中选择"剪切"命令。

第三，右击目标位置，在弹出的快捷菜单中选择"粘贴"命令。

②直接拖动法。具体操作是在缩略图窗格中选中幻灯片后，直接按住左键

将其拖动到目标位置即可。

（2）复制幻灯片

复制幻灯片与移动幻灯片操作类似，只是需要选择快捷菜单中的"复制"命令或按住 Ctrl 键同时拖动鼠标即可。如果选择快捷菜单中的"复制幻灯片"命令，则会在当前选中幻灯片的后面复制一张幻灯片。

5.设定幻灯片版式

幻灯片版式是指幻灯片的常规排版格式，通过设定幻灯片版式可以对文本（包括正文文本、项目符号和标题）、表格、图表、SmartArt 图形、影片、声音、图片及剪贴画等内容进行更加合理的排版，此外版式还包含幻灯片的主题颜色、字体、效果和背景等。在新建幻灯片的过程中就可以选定幻灯片的版式，也可以对现有幻灯片版式进行更改。更改的方法有以下两种：

①选中要更改版式的幻灯片，在"开始"选项卡"幻灯片"功能区中，单击"版式"按钮，在弹出的下拉列表中选定所需的版式。

②选中要更改版式的幻灯片右击，在弹出的快捷菜单中选择"版式"命令，在其子菜单中选定所需的幻灯片版式。

版式是一种既定的排版格式，并通过占位符完成布局。占位符是一种带有虚线或阴影线边缘的框，常出现在幻灯片版式中。占位符分为标题占位符、项目符号列表占位符和内容占位符等。图 5-8 所示为用于添加新幻灯片时设定幻灯片的版式，图 5-9 所示为用于修改已有幻灯片的版式。

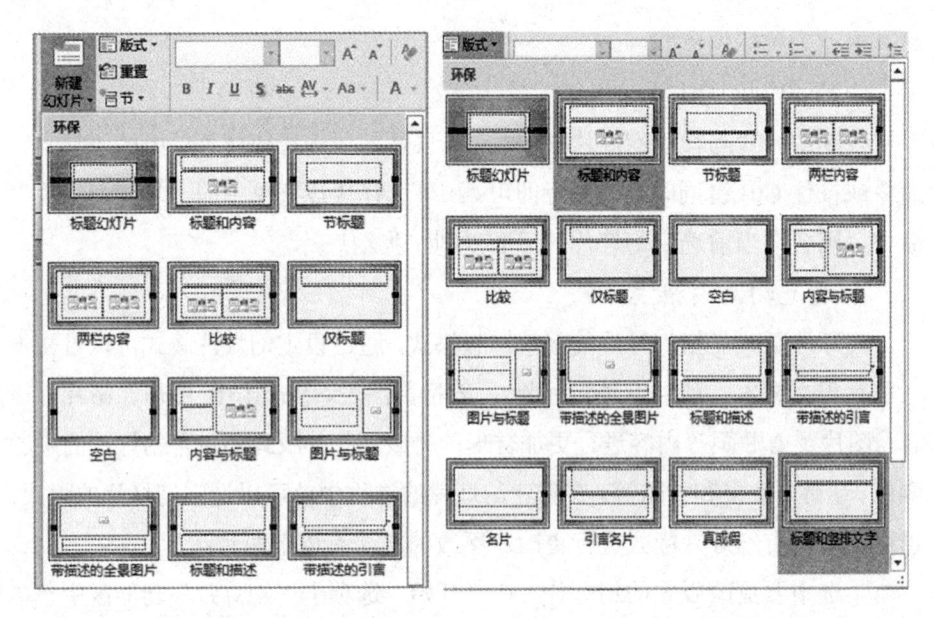

图 5-8 "新建幻灯片"下拉列表　　图 5-9 "版式"下拉列表

5.2.3 幻灯片文本的编辑

1. 输入文本

与 Word 不同的是,用户不能在 PowerPoint 幻灯片中的非文本区输入文字。用户可以将鼠标移动到幻灯片的不同区域,观察鼠标指针的形状,当指针呈"I"字形时输入文字才有效。用户可以采取以下几种方法实现文本输入:

①在设定了非空白版式的幻灯片中,单击占位符,便可输入文字。
②在幻灯片中插入"文本框",然后在文本框中输入文字。
③在幻灯片中添加"形状"图形,然后在其中添加文字。

2. 文本编辑和格式化

(1) 文本编辑

对于文本的编辑一般包括选择、复制、剪切、移动、删除和撤销删除等操作，这些操作与 Word 和 Excel 的操作相同，可参照前文。但与 Word 和 Excel 不同的是，在 PowerPoint 中，文本可以添加在占位符、文本框等载体中，改变这些载体的位置，文本的位置便随之改变。

下面以占位符为例，介绍改变文本位置的操作步骤：单击选中占位符，鼠标变为十字箭头形状，此时按住鼠标左键拖动即可，如图 5-10 所示。

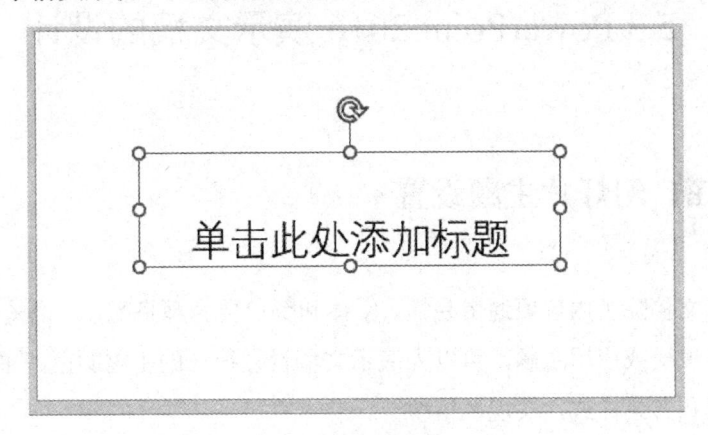

图 5-10　选中占位符

（2）文字格式化

文字格式化主要是指对文字的字体、字号、字体颜色和对齐方式等进行设置。操作方法如下：选中文字或文字所在的占位符后，切换到"开始"选项卡，直接单击"字体"工具组中的相应按钮设置字体的格式即可，如图 5-11 所示；也可在"字体"对话框中设置。

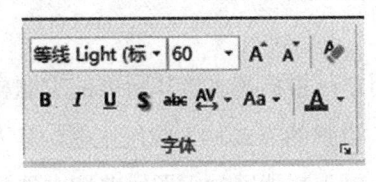

图 5-11　"字体"工具组　　　　图 5-12　"段落"工具组

（3）段落格式化

PowerPoint 2016 也可以设置文字的段落格式，包括对齐方式、文字方向、项目符号和编号、行距等。操作方法如下：选中文字或文字所在的占位符后，

211

切换到"开始"选项卡，直接单击"段落"工具组中的相应按钮设置文字的段落格式即可，如图 5-12 所示；也可在"段落"对话框中设置。

5.3 PowerPoint 2016 演示文稿的设计

5.3.1 幻灯片主题设置

演示文稿除了内容要通俗易懂，字体和颜色要合理搭配，风格统一也很重要。使用模板或应用主题，可以为演示文稿设置统一的主题颜色、主题字体、主题效果和背景样式，实现风格统一。

1.PowerPoint 2016 模板与主题的联系与区别

模板是一张或一组设置好风格、版式的幻灯片文件，其扩展名为".potx"。模板可以包含版式、主题颜色、主题字体、主题效果和背景样式，甚至还可以包含内容。而主题是将设置好的颜色、字体和效果整合到一起，一个主题中只包含这三个部分。模板和主题的最大区别是：模板中可包含多种元素，如图片、文字、图表、表格、动画等，而主题中则不包含这些元素。

2.为演示文稿应用主题

PowerPoint 2016 预设了多种主题样式，用户可根据需求选择所需的主题样式，这样可快速为演示文稿设置统一的外观。设置的方式称为应用主题，其方法是：打开演示文稿，在"设计"选项卡"主题"功能区的主题缩略图中选择所需的主题样式即可应用主题。对于应用了主题的幻灯片，还可以对其颜色、字体、效果和背景样式进行设置。

5.3.2 幻灯片背景设置

在新建的空白演示文稿中,所有幻灯片均无背景,用户可以根据需要自行添加或更改背景。

操作步骤如下:

第一,单击"设计"选项卡下的"自定义"工具组中的"设置背景格式"按钮,在右侧弹出的"设置背景格式"选项框中,选择一种方式填充幻灯片的背景。填充的方式有纯色填充、渐变填充、图片或纹理填充和图案填充4种。

第二,在该对话框的下方有"全部应用"和"重置背景"两个按钮,分别单击它们,可应用到全部幻灯片和重新设置背景。

5.3.3 多媒体信息的插入

除了文本内容,为增强幻灯片的显示效果,用户可以适当插入多媒体信息对幻灯片进行美化,使幻灯片更加生动形象。

1.插入图片

在制作演示文稿时,为了增强视觉效果,用户可以在幻灯片中添加图片。操作方法如下:

第一,单击"插入"选项卡"图像"功能区的"图片"按钮。

第二,在打开的"插入图片"对话框中寻找到要插入图片所在的文件夹,选中要插入的图片,单击"插入"按钮,图片就会插入幻灯片中。

第三,使用鼠标拖拉的方法调整图片大小和位置;或右击图片,然后在弹出的快捷菜单中选择"大小和位置"命令,打开"设置图片格式"对话框进行调整。

2.插入音频

为了增强演示文稿的播放效果，用户可以为演示文稿配上背景音乐。操作方法如下：

第一，单击"插入"选项卡"媒体"功能区"音频"按钮下方的下拉箭头打开下拉列表，选中"PC上的音频"命令，打开"插入音频"对话框。

第二，在"插入音频"对话框中寻找到要插入音频所在的文件夹，选中要插入的音频，单击"插入"按钮，音频就插入幻灯片中。

第三，单击"音频工具"选项卡下的"格式"和"播放"两个功能区的相应命令按钮可以设置音频图标的样式、裁剪音频和设置音频的播放方式。

用PowerPoint 2016制作的演示文稿不仅仅可以插入外部音频，PowerPoint 2016也可以自由录制音频（计算机须添加相应的音频录制设备）。用PowerPoint 2016制作的演示文稿支持mp3、wma、wav、mid等格式的音频文件。

3.插入视频

插入视频和插入音频的方法基本相同，不同之处在于视频不能自由录制，不过可以插入来自网页的视频文件。用PowerPoint 2016制作的演示文稿支持avi、wmv、mpg等格式的视频文件。

4.插入艺术字

在演示文稿中添加艺术字可以提升放映的视觉效果。在演示文稿中插入艺术字的方法如下：

第一，单击"插入"选项卡"文本"功能区"艺术字"按钮下方的下拉箭头打开艺术字字库，选定一种样式后，字样为"请在此放置您的文字"的艺术字就会显示在幻灯片上。

第二，选中"请在此放置您的文字"占位符文字，重新输入需要的艺术字字符，设置字体、字号等格式，按Enter键确定。

第三，使用鼠标拖拉的方法调整艺术字的大小和位置，或右击后在弹出的快捷菜单中选择"设置形状格式"命令打开"设置形状格式"对话框调整。

第四，如果想要修改艺术字的效果，可以选中艺术字占位符，在"格式"

选项卡的"艺术字样式"功能区单击"文本效果"按钮，在弹出的下拉列表中选择相应效果即可，如图 5-13 所示。

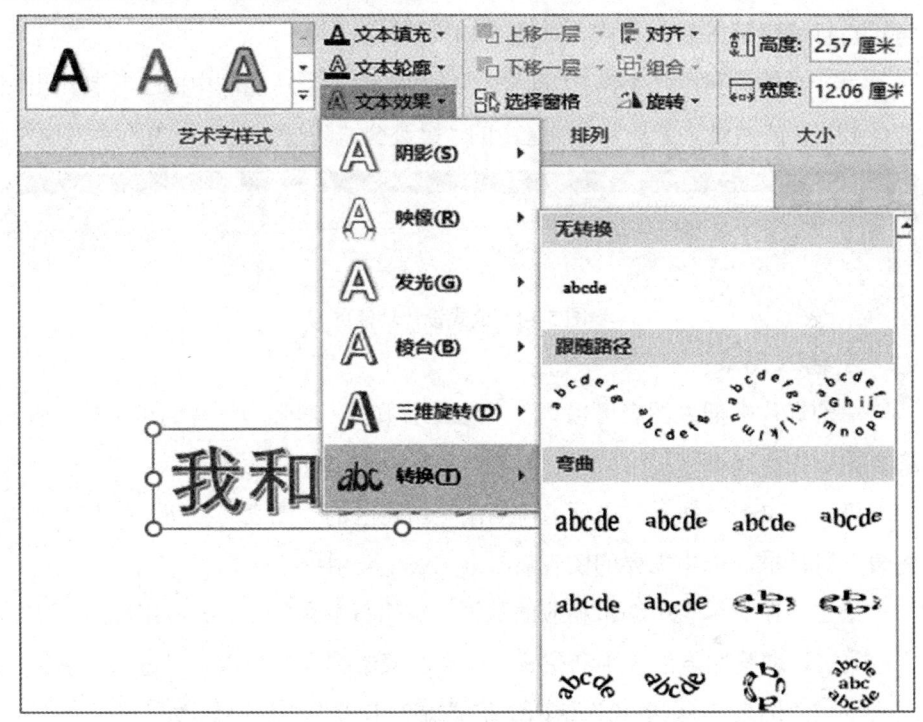

图 5-13　艺术字效果

5.绘制图形

在制作演示文稿时，用户可以绘制一些形状来美化幻灯片，以使演示文稿达到最好的视觉效果。操作步骤如下：

第一，单击"插入"选项卡"插图"功能区的"形状"按钮下方的下拉箭头打开形状库，选定用于幻灯片的形状。

第二，在幻灯片形状放置处，拖动鼠标绘制出相应的形状。

6.编辑公式

在制作一些专业性较强的演示文稿时，用户经常需要在幻灯片中添加一些复杂的专业公式。编辑公式的方法如下：

第一，单击"插入"选项卡"符号"功能区的"公式"按钮进入"公式工具-设计"选项卡。公式库中有应用程序定义好的公式，用户可以直接插入，也可以自行编辑插入新的公式，如图 5-14 所示。

第二，然后利用"工具""符号""结构"这 3 个功能区中的工具制作出相应的公式；或通过"工具"功能区中的"墨迹公式"按钮实现公式的手写输入。

图 5-14　公式设计功能区

7.插入图表

在幻灯片中插入图表可以更直观地显示数据，增强幻灯片的可读性。插入图表的操作步骤如下：

第一，单击"插入"选项卡"插图"功能区的"图表"按钮，打开"插入图表"对话框，选中需要的图表后打开 Excel 应用程序数据表。

第二，在数据表中编辑相应的数据，编辑好后关闭 Excel 应用程序。

第三，调整图表的大小和位置。如果图表数据需要修改，可进入"图表工具-设计""图表工具-格式"这两个扩展选项卡中作相应的修改。

8.插入 SmartArt 图形

在幻灯片中插入 SmartArt 图形可以帮助用户以动态可视的方式来阐明流程、层次结构和关系。插入 SmartArt 图形的操作方法如下：

第一，单击"插入"选项卡"插图"功能区的"SmartArt"按钮，打开"选择 SmartArt 图形"对话框，如图 5-15 所示。对话框默认显示全部列表，显示所有的 SmartArt 可用图形。

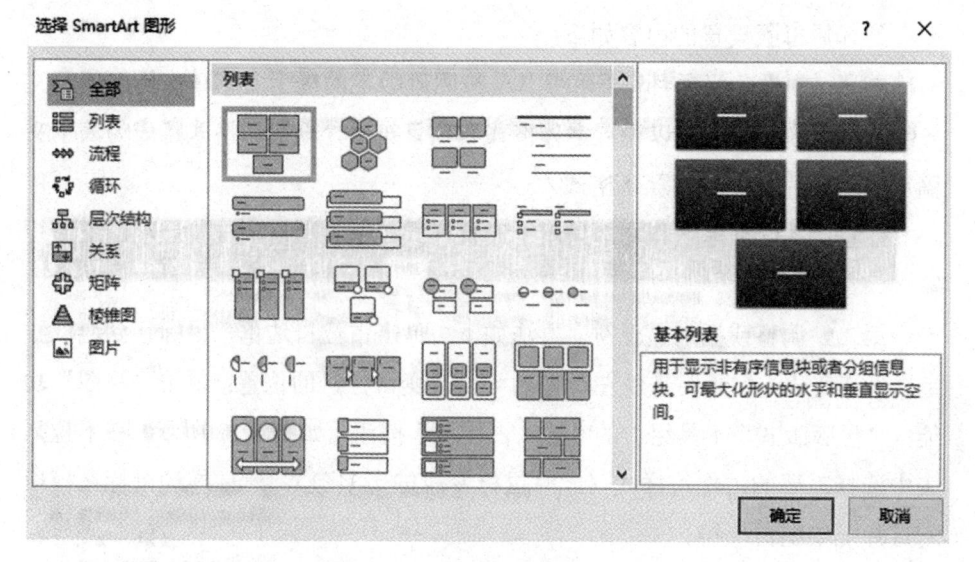

图 5-15 "SmartArt 图形"对话框

第二，选中要插入的 SmartArt 图形，单击右下角的"确定"按钮将选择的 SmartArt 图形插入幻灯片中。

第三，在插入 SmartArt 图形后，功能区会出现"SmartArt 工具-设计"和"SmartArt 工具-格式"扩展选项卡，在这两个子选项中可以选择合适的颜色、形状、样式和格式；也可以在已有的基础上添加形状，修改形状内的文字信息。

5.3.4 幻灯片母版设置

母版用于设置演示文稿中幻灯片的默认格式，包括每张幻灯片的标题、正文的字体格式和位置、项目符号的样式，背景设计等。母版有"幻灯片母版""讲义母版""备注母版"，这里主要介绍常用的"幻灯片母版"。单击"视图"功能区"母版版式"工具组中的"幻灯片母版"按钮，即可进入幻灯片母版编辑环境，如图 5-16 所示。母版视图不会显示幻灯片的具体内容，只显示版式及占位符。

幻灯片母版设置的内容如下：

第一，预设各级项目符号和字体。按照母版上的提示文本单击标题或正文各级项目所在位置，可以设置字体格式和项目符号，设置的格式将成为演示文稿每张幻灯片上文本的默认格式。

注意：占位符标题和文本只用于设置样式，内容则需要在普通视图下另行输入。

第二，调整或插入占位符。方法如下：单击占位符边框，鼠标移到边框线上，当其变成十字形时按住左键拖动可以改变占位符的位置；单击"视图"功能区"母版版式"工具组中的"插入占位符"按钮，如图 5-17 所示，在下拉列表中选择需要的占位符样式（此时鼠标变成细十字形），然后拖动鼠标在模板幻灯片上绘制占位符。

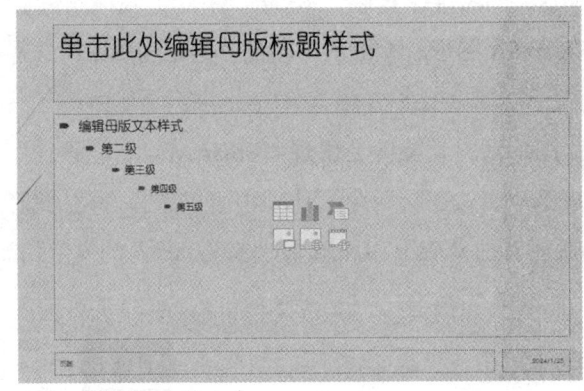

图 5-16 幻灯片母版　　　　图 5-17 插入占位符

第三，插入标志性图案或文字（如插入某学校的 logo）。在母版上插入的对象（例如图片、文本框）将会在每张幻灯片上相同的位置显示出来。在普通视图下，这些插入的对象不能删除、移动、修改。

第四，设置背景。设置的母版背景会在每张幻灯片上生效。设置方法和普通视图下设置幻灯片背景的方法相同。

第五，设置页脚、日期、幻灯片编号。幻灯片母版下面一般有 3 个区域，分别是日期区、页脚区、数字区，单击它们可以设置对应项的格式，也可以拖动它们改变位置。

在设置完成后，用户要退出母版编辑状态，可以单击"视图"功能区的"关闭母版视图"按钮。

5.4 PowerPoint 2016 演示文稿的动画设计

5.4.1 幻灯片切换效果的设置

幻灯片的切换效果是指放映演示文稿时从上一张幻灯片切换到下一张幻灯片的过渡效果。为幻灯片间的切换加上动画效果会使放映更加生动、自然。为幻灯片添加切换效果的方法如下：

第一，在"视图"窗格中选择想要设置切换效果的幻灯片缩略图。

第二，单击"切换"选项卡"切换到此幻灯片"功能区中要应用于当前幻灯片的切换效果的相应按钮。切换效果分为"细微型""华丽型"和"动态内容"3 大类，如图 5-18 所示。

计算机基础与应用

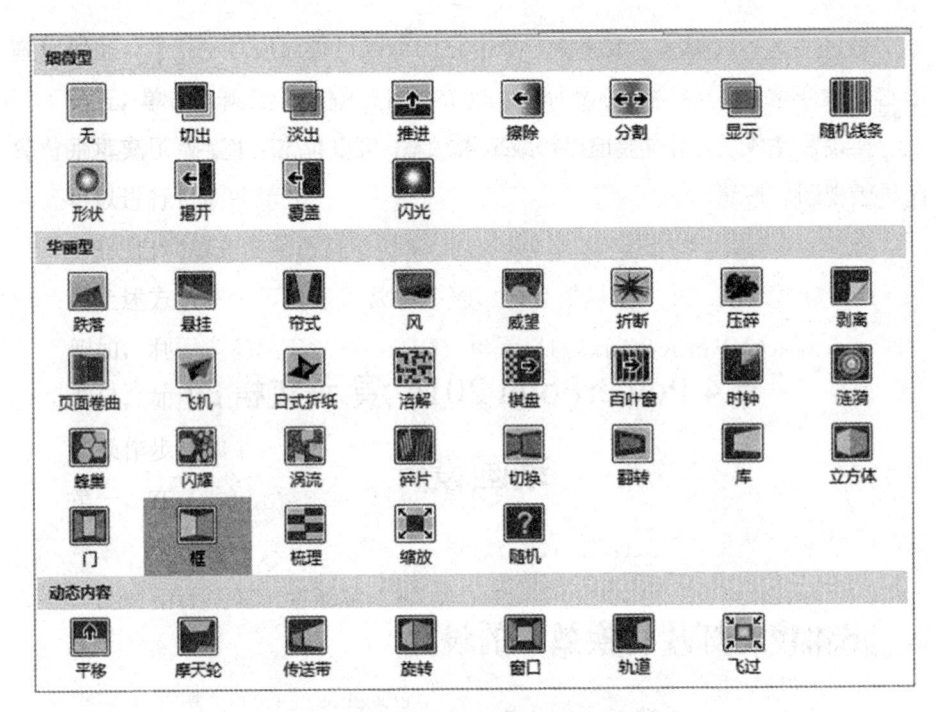

图 5-18 幻灯片切换效果类型的下拉列表

第三，单击"切换"选项卡"切换到此幻灯片"功能区最右侧的"效果选项"按钮，对切换效果进行进一步设置。

第四，在"切换"选项卡的"计时"功能区中对相应内容进行设置。"切换"选项卡的"计时"功能区包括"声音""持续时间""全部应用""换片方式"等内容，如图 5-19 所示。"声音"用来设置切换音效；"持续时间"用来控制切换速度；"全部应用"可以让所有幻灯片应用同一切换效果；"换片方式"用来设定幻灯片切换的方式是自动还是鼠标单击。

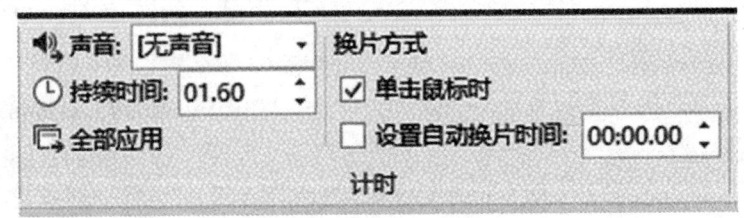

图 5-19 "计时"功能区

注意：幻灯片的切换效果还可以通过"切换到此幻灯片"工具组中的"效果选项"下拉列表做进一步的设置；此外，若要取消幻灯片的切换效果，只需要选中该幻灯片，在"切换"选项卡下的"切换到此幻灯片"工具组中选择"无"选项即可。

5.4.2 幻灯片动画效果的设置

对于一张幻灯片包含的文本、图片等对象，用户可以为它们添加动画效果，包括进入动画、退出动画、强调动画；还可以设置动画的动作路径，编排各对象动画的顺序。

设置动画效果一般在普通视图模式下进行，而且设置的动画效果只有在幻灯片放映视图或阅读视图模式下才有效。

1. 添加动画效果

要为对象设置动画效果，应首先选择对象，然后在"动画"选项卡下的"动画""高级动画"和"计时"工具组中进行各种设置。可以设置的动画效果有如下几类：

① "进入"效果：设置对象以怎样的动画效果出现在屏幕上。

② "强调"效果：对象将在屏幕上展示一次设置的动画效果。

③ "退出"效果：对象将以设置的动画效果退出屏幕。

④ "动作路径"：放映时对象将按事先设置好的路径运动。路径可以采用系统提供的路径，也可以自己绘制。

2. 编辑动画效果

如果对动画效果设置不满意，还可以重新编辑，可进行的操作如下：

第一，调整动画的播放顺序。设置了动画效果的对象前面具有动画顺序标志，如0、1、2、3这样的数字，表示该动画出现的顺序。选中某动画对象，单击"计时"工具组中的"向前移动"或"向后移动"按钮，就可以改变动画播放顺序。另一种方法是单击"高级动画"工具组中的"动画窗格"按钮打开动画窗格，在其中进行相应设置，可以单击"全部播放"按钮预览动画效果。

第二，更改动画效果。选中动画对象，在"动画"工具组的列表框中另选一种动画效果即可。

第三，删除动画效果。选中对象的动画顺序标志，按 Delete 键，或者在动画列表中选择"无"选项。

5.5 PowerPoint 2016 演示文稿的超链接设置

应用超链接可以为两个位置不相邻的对象建立链接关系。超链接必须选定某一对象作为链接点，当该对象满足指定条件时触发超链接，从而引出作为链接目标的另一对象。触发条件一般为鼠标单击或鼠标移过链接点。

适当采用超链接，会使演示文稿的控制流程更具逻辑性和跳跃性，使其功能更加丰富。在 PowerPoint 2016 中，用户可以选定幻灯片上的任意对象作链接点，链接目标可以是本演示文稿中的某张幻灯片，也可以是其他文件，还可以是电子邮箱或者某个网页。

设置了超链接的文本会出现下划线标志，并且变成系统指定的颜色，当然也可以通过一系列设置改变其颜色而不影响超链接效果。

5.5.1 插入超链接

在 PowerPoint 2016 中，用户可以使用"插入"选项卡下"链接"工具组中的"链接"和"动作"按钮设置超链接。

1. 使用"链接"按钮

使用"链接"按钮设置超链接的具体操作如下：选定要插入超链接的对象，单击"插入"选项卡"链接"功能区的"链接"按钮，打开"插入超链接"对话框，如图 5-20 所示。

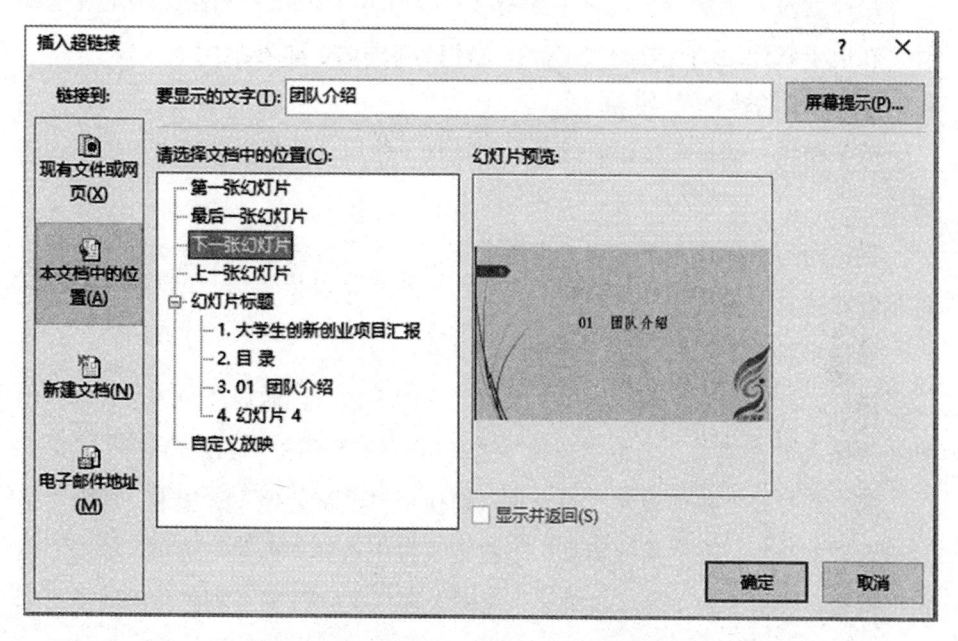

图 5-20 "插入超链接"对话框

下面对"链接到"列表中常用的 3 个选项进行简单介绍。

（1）现有文件或网页

用户通过点击选择该选项的超链接可以跳转到当前演示文稿之外的其他文档或者网页。可以选定本地硬盘中的路径进行超链接文档查找定位，也可以在底部文本框直接输入文档信息或者网页地址。超链接的文档类型可以是 Office 文稿、图片或者是声音文件。当单击该超链接时，计算机会自动打开相匹配的应用程序。

（2）本文档中的位置

用户通过点击选择该选项的超链接可以实现当前演示文稿不同幻灯片之间的跳转。在此选项对应的对话框中可以看到当前演示文稿内的全部幻灯片，选择符合需求的幻灯片，单击"确定"按钮即可。

（3）电子邮件地址

用户通过点击选择该选项的超链接可以打开 Outlook 给指定地址发送邮件。在电子邮件地址下方的文本框输入电子邮件地址即可。

2.使用"动作"按钮

除了使用"链接"按钮可以插入超链接，使用"动作"按钮也可以插入超链接。

例：为幻灯片插入艺术字"谢谢大家"，然后为其添加一个动作，使得鼠标指针移过它时发出"掌声"。

操作步骤如下：

第一，打开演示文稿，插入艺术字"谢谢大家"；然后选中该艺术字，切换至"插入"选项卡，单击"链接"工具组中的"动作"按钮。

第二，打开"操作设置"对话框，切换至"鼠标悬停"选项卡，选中"播放声音"复选框，在"播放声音"下拉列表框中选择"鼓掌"选项，单击"确定"按钮，如图 5-21 所示。此时，"谢谢大家"文字改变了颜色且出现了下划线，这是超链接的标志。

第 5 章　PowerPoint 2016 演示文稿

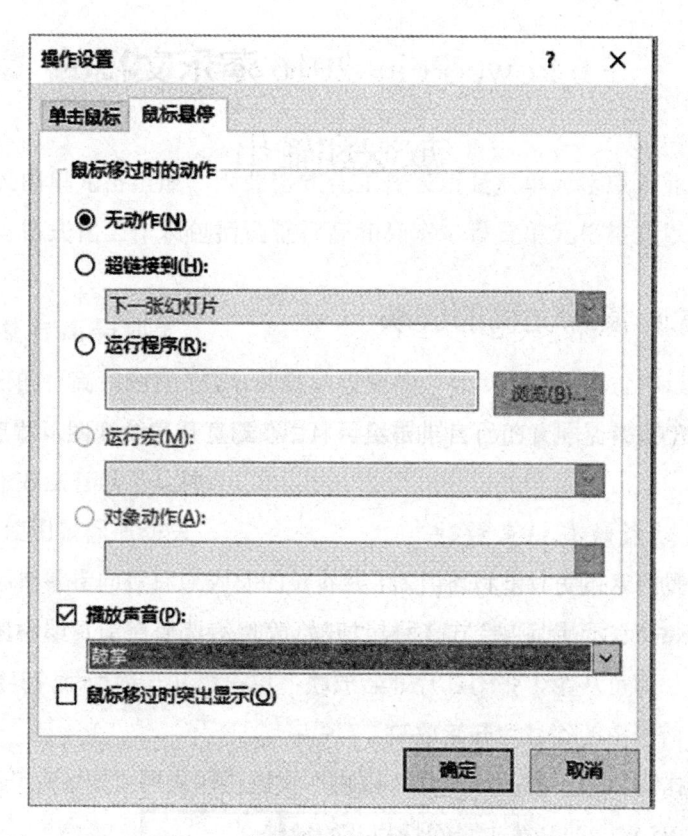

图 5-21　设置"动作"按钮的超链接

5.5.2　删除超链接

　　选定要删除超链接的对象，打开"编辑超链接"对话框，此时对话框多了一个"删除链接"按钮，可以将原链接清除。

　　注意：超链接只有在演示文稿放映时才会生效。按"Shift+F5"组合键放映当前幻灯片，可以看到将鼠标指针移至链接点上时指针变为手状，这是超链接的标志，单击即可触发链接目标，系统会自动跳转到链接对象。

5.6 PowerPoint 2016 演示文稿的放映和输出

5.5.1 演示文稿的放映

放映幻灯片是制作幻灯片的最终目标,在幻灯片放映视图下才可以放映幻灯片。

1. 启动放映与结束放映

放映幻灯片的方法有以下几种:

①单击"幻灯片放映"选项卡"开始放映幻灯片"工具组中的"从头开始"按钮,即可从第1张幻灯片开始放映;单击"从当前幻灯片开始"按钮,即可从当前选中的幻灯片开始放映。

②单击窗口右下方的"幻灯片放映"按钮,即从当前幻灯片开始放映。

③按 F5 键,即从第1张幻灯片开始放映。

④按"Shift+F"键,即从当前幻灯片开始放映。

当放映幻灯片时,幻灯片会占满整个计算机屏幕,在屏幕上右击,弹出的快捷菜单中有一系列命令可以实现幻灯片翻页、定位、结束放映等功能。为了不影响放映效果,建议用户使用以下常用功能快捷键:

切换到下一张(触发下一对象):单击鼠标,或者按↓键、→键、PgDn 键、Enter 键、Space 键之一,或者鼠标滚轮向下拨。

切换到上一张(回到上一步):按↑键、←键、PgUp 键或 Backspace 键均可,或者鼠标滚轮向上拨。

鼠标功能转换:按"Ctrl+P"键转换成"绘画笔",此时可按住鼠标左键在屏幕上勾画做标记;按"Ctrl+A"键可还原成普通指针状态。

结束放映：按 Esc 键。

在默认状态下放映演示文稿时，幻灯片将按序号顺序播放，直到最后一张，然后计算机黑屏，退出放映状态。

2.设置放映方式

用户可以根据不同需要设置演示文稿的放映方式。单击"幻灯片放映"选项卡 "设置"工具组中的"设置幻灯片放映"按钮，打开"设置放映方式"对话框，如图 5-22 所示，可以设置放映类型、需要放映的幻灯片的范围等。其中，"放映选项"工具组中的"循环放映，按 Esc 键终止"适用于无人控制的展台、广告等幻灯片放映，能实现演示文稿反复循环播放，直到按 Esc 键终止。

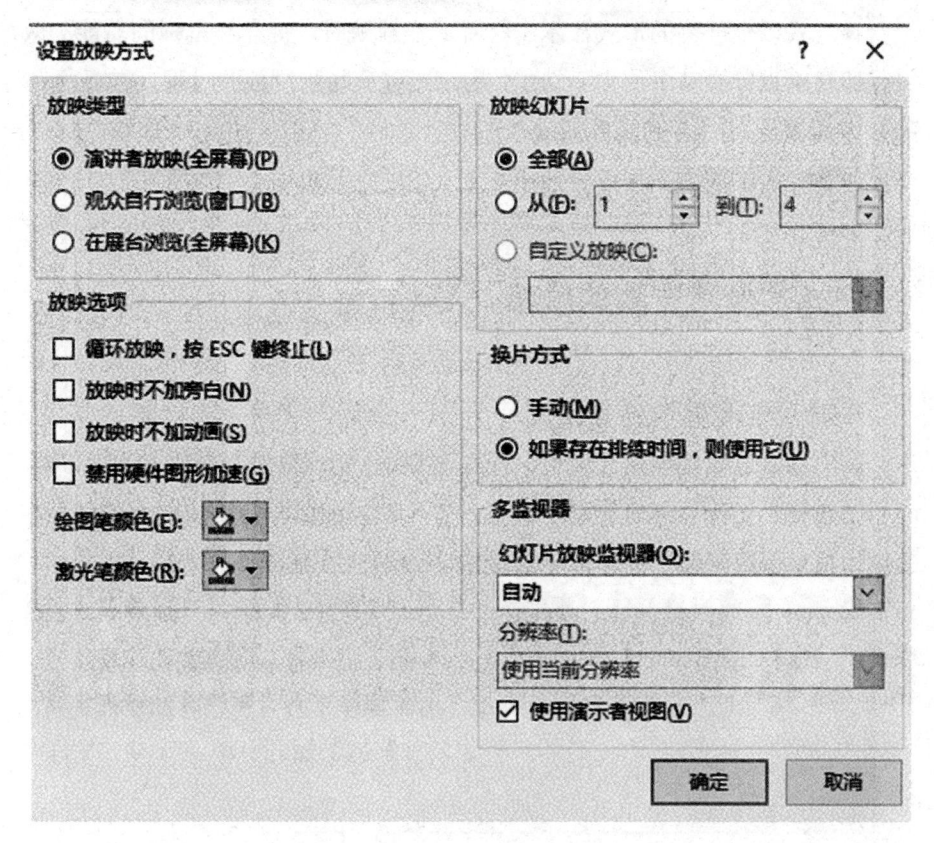

图 5-22 "设置放映方式"对话框

PowerPoint 2016 有以下 3 种放映类型供用户选择：

（1）演讲者放映

演讲者放映是默认的放映类型，是一种灵活的放映方式，以全屏幕的形式显示幻灯片。用户可以控制整个放映过程，也可以用"绘画笔"勾画，适用于用户一边讲解一边放映的场合，如会议、课堂等。

（2）观众自行浏览

该方式以窗口的形式显示幻灯片，用户可以利用菜单自行浏览、打印，适用于终端服务设备且同时被少数人使用的场合。

（3）在展台浏览

该方式以全屏幕的形式显示幻灯片。在放映时，键盘和鼠标的功能失效，只保留鼠标指针最基本的指示功能，因而不能现场控制放映过程，需要预先将换片方式设为自动方式或者通过"幻灯片放映"功能区中的"排练计时"命令来设置时间和次序。该方式适用于无人看守的展台。

5.5.2 演示文稿的输出

1.将演示文稿创建为讲义

演示文稿可以被创建为讲义，保存为 Word 文档格式，创建方法如下：

①选择"文件"→"导出"命令，在"文件类型"栏中选择"创建讲义"选项，再单击右侧的"创建讲义"按钮，如图 5-23 所示。

第 5 章　PowerPoint 2016 演示文稿

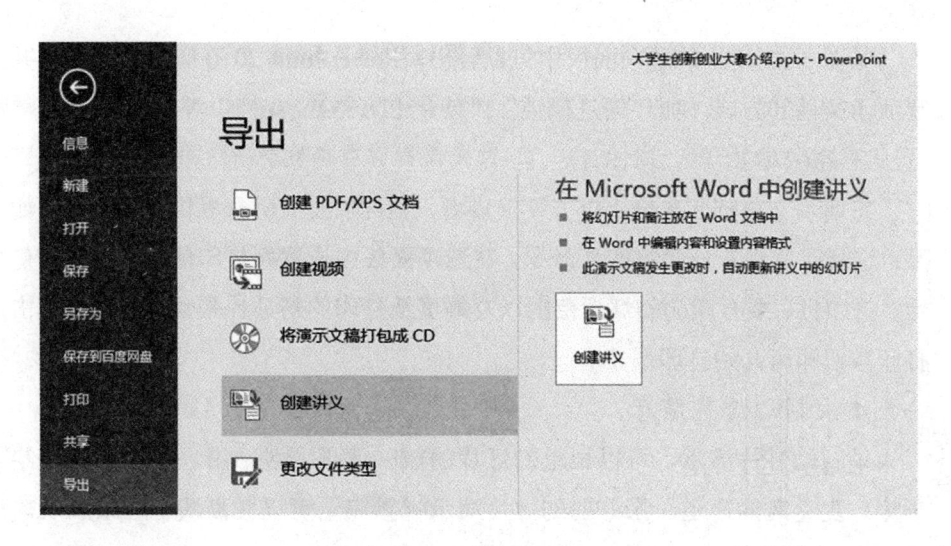

图 5-23　选择"创建讲义"选项

②在弹出的对话框中选择创建讲义的版式，单击"确定"按钮。

③系统自动打开 Word 程序，并将演示文稿内容转换成 Word 文档格式，用户可以直接保存该 Word 文档，或者做适当编辑。

2.打包演示文稿

如果要在其他计算机上放映制作完成的演示文稿，可采用以下 3 种途径：

①PPTX 形式。通常演示文稿是以 PPTX 类型保存的，将它复制到其他计算机上，双击打开后即可人工控制进入放映视图。使用这种方式的好处是可以随时修改演示文稿。

②PPSX 形式。将演示文稿另存为 PowerPoint 放映类型（扩展名".ppsx"），再将该 PPSX 文件复制到其他计算机上，双击该文件可立即放映演示文稿。

③打包成 CD 或文件夹。PPTX 形式和 PPSX 形式要求放映演示文稿的计算机安装 Microsoft Office PowerPoint 软件，如果演示文稿中包含指向其他文件（如声音、影片、图片）的链接，还应该将这些资源文件同时复制到计算机的相应目录下，操作起来比较麻烦。在这种情况下建议将演示文稿打包成 CD。打包成 CD 能更有效地发布演示文稿，可以直接将放映演示文稿所需要的全部资源打包，刻录成 CD 或者打包到文件夹。

从图 5-23 所示的选项面板中可以看出，PowerPoint 2016 还提供了多种共享演示文稿的方式，如"创建视频""创建 PDF/XPS 文档"等。

3.打印输出

将演示文稿打印出来不仅方便演讲者，也可以发给听众以供交流。操作如下：选择"文件"→"打印"命令，在选项面板中设置好打印信息，如打印份数、打印机、要打印的幻灯片范围以及每页纸打印的幻灯片张数等，然后单击打印按钮即可开始打印。

4.录制幻灯片演示

录制幻灯片演示，可以记录幻灯片的放映效果，包括用户使用鼠标、绘画笔、麦克风的声道。录好的幻灯片演示视频完全可以脱离演讲者来放映。录制方法如下：

第一，在"幻灯片放映"选项卡的"设置"工具组中选中"播放旁白""使用计时""显示媒体控件"复选框，然后单击"录制幻灯片演示"按钮，在弹出的下拉列表中选择"从头开始录制"或者"从当前幻灯片开始录制"选项，如图 5-24 所示。

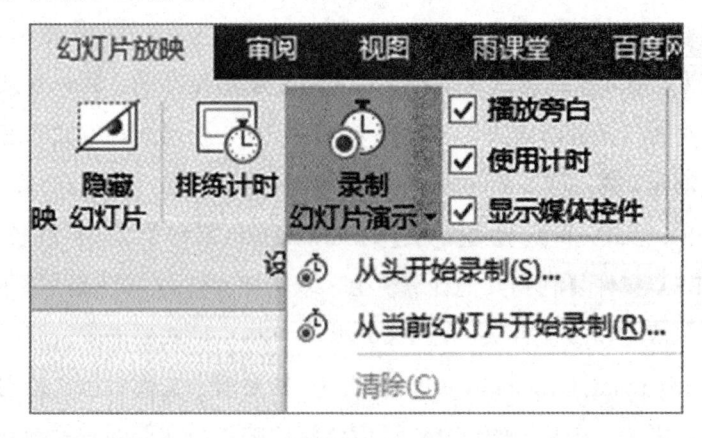

图 5-24　"录制幻灯片演示"下拉列表

第二，在弹出的"录制幻灯片演示"对话框中单击"开始录制"按钮。

第三，幻灯片进入放映状态，开始录制。注意：如果要录制旁白，需要提前准备好麦克风。

第四，如果对录制效果不满意，可以单击"录制幻灯片演示"按钮，选择"清除"命令，清除计时或旁白重新录制。

第五，保存为视频文件。选择"文件"→"导出"→"创建视频"命令，在右侧面板中设置视频参数（视频的分辨率、是否使用录制时的旁白），单击"创建视频"按钮，然后在弹出的"保存"对话框中输入文件名并选择视频的存放位置。

第6章 计算机网络与信息安全

计算机网络目前已经深入到当今社会的各个领域。计算机网络自产生以来便一直在持续不断地发展，它的发展水平已成为衡量一个国家技术水平和社会信息化程度的重要标志之一。目前，计算机网络已经被应用到科学、经济、军事、教育及日常生活等各个领域，形成了一个高效丰富的网络世界，为人们的工作、学习、交流营造了更加良好的环境。网络给人们的生活带来便利的同时，也带来了信息安全问题。信息安全的实质就是要保护信息系统或信息资源免受各种类型的威胁、干扰和破坏。信息安全是国家安全的重要组成部分。

【学习目标】
- 了解计算机网络的基本概念和基础知识。
- 了解常用网络设施、网络协议与体系结构。
- 了解信息安全及其防范技术、管理措施、道德准则、法律法规等内容。

6.1 计算机网络

6.1.1 计算机网络概述

计算机网络是现代计算机技术和通信技术紧密结合的产物，是随社会对信息传递和共享的要求的变化而发展起来的。

1.计算机网络的定义

计算机网络就是利用通信设备和线路将地理位置不同、功能独立的多个计算机系统相互连接起来,以功能完善的网络软件(如网络通信协议、信息交换方式以及网络操作系统等)来实现网络中信息传递和共享的系统。

2.计算机网络的发展过程

计算机网络从问世至今已经有半个多世纪的时间,历经了4个发展阶段,即初级阶段,多台计算机互联阶段,标准、开放的计算机网络阶段,高速、智能化的计算机网络阶段。

(1)计算机网络的初级阶段

20世纪50年代,人们通过通信线路将计算机与终端相连,通过终端进行数据的发送和接收,这种"终端—通信线路—计算机"的模式被称为远程联机系统,由此开始了计算机和通信技术相结合的年代。这种远程联机系统被称为第一代计算机网络。

远程联机系统的结构特点是单主机多终端,所以从严格意义上讲,它并不属于计算机网络范畴。

(2)多台计算机互联阶段

当远程联机系统发展到一定的阶段后,计算机用户希望各计算机之间可以进行信息的传输与交换。于是20世纪60年代出现了以实现"资源共享"为目的的多台计算机互联的网络。

这一阶段的计算机网络结构上的主要特点是:以通信子网为中心,多主机多终端。1969年,在美国建成的ARPAnet首先实现了以资源共享为目的不同计算机互联的网络,成为今天互联网的前身。

(3)标准、开放的计算机网络阶段

1984年,ISO(国际标准化组织)提出了"开放系统互连基本参考模型",这个模型通常被称作OSI参考模型。只有标准的才是开放的,OSI参考模型的提出引导计算机网络走向开放的标准化的道路,同时也标志着计算机网络的发展步入了成熟阶段。

（4）高速、智能化的计算机网络阶段

近年来，随着通信技术，尤其是光纤通信技术的发展，计算机网络技术得到了迅猛的发展。用户不仅对网络的传输带宽提出越来越高的要求，对网络的可靠性、安全性和可用性等也提出了新的要求。网络管理逐渐进入了智能化阶段，包括网络的配置管理、故障管理、计费管理、性能管理和安全管理等在内的网络管理任务都可以通过智能化程度很高的网络管理软件来实现。由此，计算机网络进入了高速、智能化的发展阶段。

3.计算机网络的分类

人们一般从使用对象、通信介质、传输技术和地理覆盖范围等角度对计算机网络进行分类。

从使用对象角度，计算机网络可分为：

①公众网络：为公众提供网络服务的网络，如 Internet。

②专用网络：专门为特定的部门或应用而设计的网络，如银行系统的网络。

从通信介质角度，计算机网络可分为：

①有线网络：采用有形的传输介质（如铜缆、光纤等）组建的网络。

②无线网络：使用微波、红外线等无线传输介质作为通信线路的网络。

从传输技术角度，计算机网络可分为：

①广播式网络：网络中所有的计算机共享一条通信信道。

②点到点网络：由一条通信线路连接两台设备，数据传输可能需要经过一台或多台中间通信设备。

从地理覆盖范围角度，计算机网络可分为：

①局域网：覆盖范围几千米以内，如学校或中、小型公司的网络通常都属于局域网。

②城域网：覆盖范围几千米到几十千米，它主要是满足城市、郊区的联网需求。例如，将某个城市中所有中小学互联起来所构成的网络就可以称为教育城域网。

扩展阅读：物联网

物联网（Internet of things）是一个基于互联网、传统电信网等信息承载体，让所有能够被独立寻址的普通物理对象实现互联互通的网络。2005年11月17日，在突尼斯举行的信息社会世界峰会上，ITU（国际电信联盟）发布了《ITU互联网报告2005：物联网》，正式提出了"物联网"的概念。报告指出，无所不在的"物联网"通信时代即将来临，世界上所有的物体从轮胎到牙刷、从房屋到纸巾都可以通过因特网主动进行信息交换；RFID（射频识别）技术、传感器技术、纳米技术、智能嵌入技术将得到更加广泛的应用和关注。

2021年9月，我国工业和信息化部等八部门印发《物联网新型基础设施建设三年行动计划（2021—2023年）》，明确到2023年年底，在国内主要城市初步建成物联网新型基础设施，社会现代化治理、产业数字化转型和民生消费升级的基础更加稳固。

物联网是在计算机互联网的基础上，利用RFID、无线数据通信等技术，构造一个覆盖世界上万事万物的"Internet of things"。在这个网络中，物品（商品）能够彼此进行"交流"，无须人的干预。物联网的实质是利用RFID技术，通过计算机互联网实现物品（商品）的自动识别和信息的互联与共享。

物联网概念的问世，打破了之前的传统思维。过去人们的思路一直是将物理基础设施和IT基础设施分开，一方面是机场、公路、建筑物，另一方面是数据中心、个人电脑、宽带等。而在物联网时代，钢筋混凝土、电缆将与芯片、宽带整合为统一的基础设施，在此意义上，基础设施更像是一个新的"地球"。故也有业内人士认为，物联网与智能电网均是智慧地球的有机构成部分。

③广域网：覆盖范围一般是几十千米到几千千米，它能够在很大的范围内实现资源共享和信息传递。大家所熟悉的 Internet 就是最典型的广域网。

4.计算机网络的拓扑结构

网络设备及线路按照一定关系构建成具有通信功能的组织结构，即网上计算机或设备与传输媒介形成的节点和线的物理构成模式就是计算机网络拓扑结构。计算机网络的拓扑结构主要有以下几类：

（1）总线拓扑结构

总线拓扑结构如图 6-1 所示。网络中采用单条传输线路作为传输介质，所有节点通过专门的连接器连到这个公共信道上，这个公共的信道称为总线。总线拓扑结构的网络是一种广播网络。任何一个节点发送的数据都能通过总线传播，同时能被总线上的所有其他节点接收到。

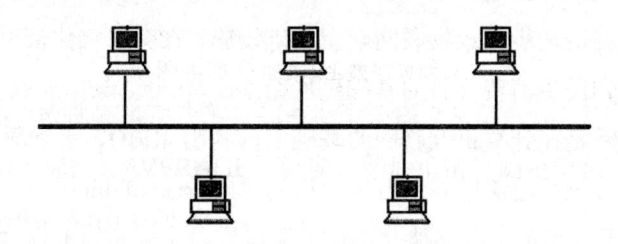

图 6-1　总线拓扑结构

总线拓扑结构的网络形式简单，需要铺设的通信线缆最短，若单个节点出现故障，一般不会影响整个网络，但是若总线出现故障，就会导致整个网络瘫痪。

（2）星形拓扑结构

星形拓扑结构如图 6-2 所示。网络中有一个中心节点，其他各节点通过各自的线路与中心节点相连，形成辐射状结构。各节点间的通信必须通过中心节点的转发。

第 6 章 计算机网络与信息安全

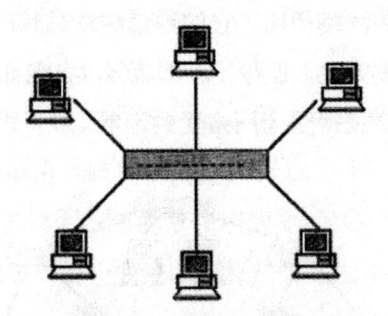

图 6-2 星形拓扑结构

星形拓扑结构的网络具有结构简单、易于建网和易于管理等特点，但是一旦中心节点出现故障，会直接造成整个网络瘫痪。

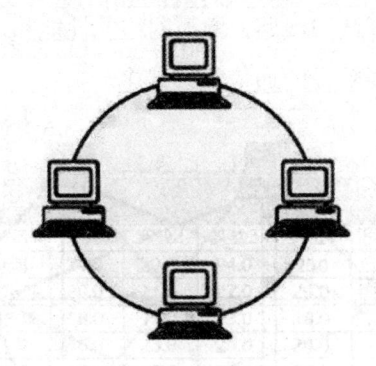

（3）环形拓扑结构

环形拓扑结构如图 6-3 所示。在环形拓扑结构的网络中，各节点和通信线路连接形成一个闭合的环。在环路中，数据按照一个方向传输；发送端发出的数据，沿环绕行一周后，回到发送端，由发送端将其从环上删除；任何一个节点发出的数据都可以被环上的其他节点接收到。

图 6-3 环形拓扑结构

环形拓扑结构的网络有安装便捷、易于监控等优点，但容量有限，网络建成后，增加节点困难。

（4）树形拓扑结构

树形拓扑结构如图 6-4 所示。树形拓扑结构的网络是分级的集中控制式网络,与星形拓扑结构的网络相比,它的通信线路总长度短,成本较低,节点易于扩充,寻找路径比较方便,但除了叶节点及其相连的线路外,任一个节点或其相连的线路故障都会使得整个网络受到影响。

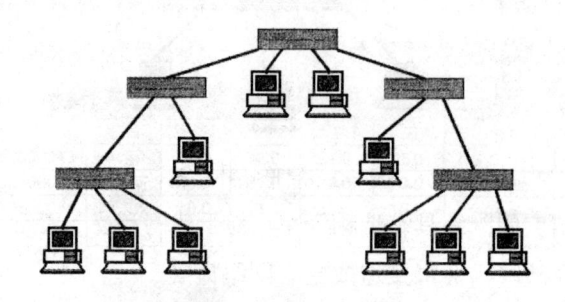

图 6-4　树形拓扑结构

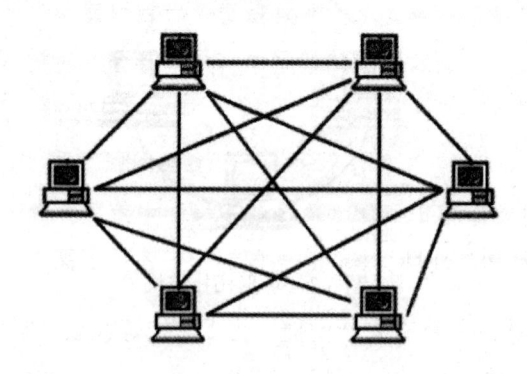

（5）网状拓扑结构

网状拓扑结构如图 6-5 所示。在网状拓扑结构的网络中,各节点和其他节点都直接相连。

网状拓扑结构的网络节点之间存在多条路径可选,在传输数据时可灵活地选用空闲路径或者避开故障线路,增加网络的性能和可靠性。但网状拓扑结构的网络安装复杂,需要敷设的通信线缆最多。

图 6-5　网状拓扑结构

5.计算机网络的功能

计算机网络的功能可归纳为资源共享、数据通信、负载均衡、信息处理4项。其中最重要的是资源共享和数据通信。

（1）资源共享

资源共享是网络的基本功能之一。资源共享不仅能使网络用户克服地理位置上的差异，共享网络中的资源，还可以充分提高资源的利用率。例如，网络打印机、网络视频等都属于资源共享。

（2）数据通信

数据通信是计算机网络的另一项基本功能。它包括网络用户之间、各处理器之间以及用户与处理器之间的数据通信。例如，QQ聊天等就是数据通信的常见应用。

（3）负载均衡

负载均衡是指当网络的某个服务器负荷过重时，可以通过网络传送到其他较为空闲的服务器去处理。利用负载均衡可以提高系统的可用性与可靠性。例如，12306网站最高日访问量超过1 500亿次，通过负载均衡可以有效地分散客户到不同的服务器。

（4）信息处理

以网络为基础，人们可以将从不同计算机终端上得到的各种数据收集起来，并进行整理和分析等综合处理。当前流行的大数据就是信息集中处理的典型应用。

6.1.2 常用网络设备

计算机接入互联网需要经过传输介质和网络互联设备。

1.传输介质

传输介质是网络中发送方和接收方之间传输信息的载体，也是网络中传输数据、连接各网络节点的实体。图 6-6 所示是几种常见的有线介质。

（1）双绞线

双绞线由按规则螺旋结构排列的两根绝缘线组成，如图 6-6（a）所示。双绞线成本低，易于敷设，既可以传输模拟信号，也可以传输数字信号，但是抗干扰能力较差。

（2）同轴电缆

同轴电缆由外层圆柱导体、绝缘层、中心导线组成，如图 6-6（b）所示。同轴电缆可分成基带同轴电缆和宽带同轴电缆两种。

（3）光纤

光纤由缆芯、包层、吸收外壳和保护层 4 部分组成，如图 6-6（c）所示。光纤分为单模光纤和多模光纤两类。光纤的直径小，重量轻，频带宽，误码率很低，还有不受电磁干扰、保密性好等优点。在局域网中，光纤被越来越多地用于主干网络。

（a）双绞线　　　（b）同轴电缆　　　（c）光纤

图 6-6　网络传输介质

（4）无线信道

目前常用的无线信道有微波、卫星信道、红外线和激光信道等。

2.网络互联设备

常见的网络互联设备如图 6-7 所示。

（1）网卡

网卡也被称作网络适配器，是计算机与互联网相连的接口部件，如图 6-7（a）所示。网卡具有唯一的 48 位二进制编号（即 MAC 地址），相当于计算机的网络身份证。

（2）中继器

中继器是一种在信号传输过程中放大信号的设备，可以保证在一定距离内信号传输不会衰减，如图6-7（b）所示。

（3）集线器

集线器是将多条线路的端点集中连接到一起的设备，如图6-7（c）所示。它是一种信号再生转发器，可以把信号分散到多条线路上。

（4）路由器

路由器是连接局域网与广域网或两种不同类型局域网的设备，在网络中起着数据转发和信息资源进出的枢纽作用，是网络的核心设备，如图6-7（d）所示。当数据从某个子网传输到另一个子网时，要通过路由器来完成。路由器根据传输费用、转接时延、网络拥塞或信源与终点间的距离来选择最佳路径。

（5）交换机

交换机是一种在通信系统中完成信息交换功能的设备，有多个端口，能够将多条线路的端点连接在一起，并支持多个计算机并发连接，实现并发传输，提高局域网的性能和服务质量，如图6-7（e）所示。

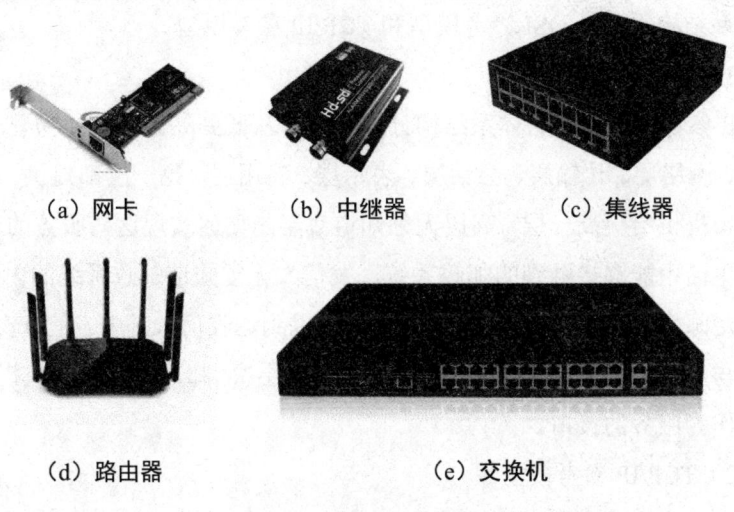

(a) 网卡　　　　　(b) 中继器　　　　　(c) 集线器

(d) 路由器　　　　　　　(e) 交换机

图6-7　网络互联设备

6.1.3 网络协议与网络体系结构

网络协议与网络体系结构是网络技术中最基本的两个概念。网络协议是网络通信的规则，网络体系结构是网络各层结构与各层协议的组合。

1. 网络协议

日常生活中的协议指的是参与活动的双方或多方达成的某种共识，例如在打电话时，需要拨打"区号＋电话号码"，这就是一种协议。网络协议指的是一组控制数据通信的规则，这些规则明确地规定交换数据的格式和时序。计算机网络是一个十分复杂的系统，为了确保这个系统能够正常运行，也需要多种协议，网络协议就是为了确保网络的正常运行而制定的规则。

2. 网络体系结构

协议是规则，具有抽象性，计算机网络除了需要这些抽象的规则，还需要有对这些抽象规则的具体实现方法。对于计算机网络这样复杂的系统，一次性解决所有问题是不现实的，因此需要采取将复杂问题进行分层次解决的处理方法，把一个大问题分割成相对容易解决的小问题，这就是网络体系结构的意义。网络体系结构主要有 OSI 参考模型和 TCP/IP 参考模型。

（1）OSI 参考模型

OSI 参考模型将网络体系结构分成 7 层，从低到高分别是：物理层、数据链路层、网络层、传输层、会话层、表示层、应用层。每一层都提供一种服务，通过接口提供给更高一层，高层无须知道底层是如何实现这些服务的。这有点类似于生活中能够接触到的邮政系统，发信人无须知道邮政系统的内部细节，只要付足邮资，将信件投入邮筒，信件就可以到达收信人手中。在邮政系统中，发信人与收信人处于同一层次，邮局处于另一层次，邮局为收发信人提供服务，邮筒则作为服务的接口。

（2）TCP/IP 参考模型

TCP/IP 参考模型是应用最广泛的互联网标准协议之一。TCP/IP 参考模型只有 4 层，由低到高分别是网络接口层、网际层、传输层、应用层。TCP/IP 参考模型各层与 OSI 参考模型各层的对应关系如表 6-1 所示。

表 6-1 TCP/IP 参考模型各层与 OSI 参考模型各层的对应关系

TCP/IP 参考模型	OSI 参考模型
应用层	应用层
	表示层
	会话层
传输层	传输层
网际层	网络层
网络接口层	数据链路层
	物理层

6.2 信息安全

6.2.1 信息安全概述

信息安全的含义是指网络系统的硬件、软件及其他系统中的数据受到保护，不因偶然或者恶意的攻击而遭受丢失、篡改或泄露，系统可连续、可靠、正常地运行，网络服务不会中断。

由信息安全的含义可知，信息安全的目的是通过各种技术和管理措施，使网络系统和各项网络服务正常工作，使经过网络传输和交换的数据不丢失、不被篡改或泄露，确保网络的可靠性，以及网络数据的完整性、可用性和机密性。

在明确信息安全的目的后，我们就可以从威胁信息安全的方式入手，探讨预防信息安全问题的措施，从硬件到软件、从技术到管理、从道德到法律，建立起信息安全体系结构。

6.2.2 信息安全威胁

信息安全面临的威胁是多方面的，有人为原因，也有非人为原因。信息安全威胁主要表现在以下几方面：

1. 网络自身特性所带来的安全威胁

网络的开放性、自由性和互联性，使得信息安全威胁可能来自物理传输线路，也可能来自对网络通信协议的攻击，或利用计算机软件或硬件的漏洞来实施攻击。这些攻击者可能来自本地或本国，也可能来自全球其他任何国家。

2. 网络协议缺陷所带来的安全威胁

目前互联网使用最广泛的是 TCP/IP 协议，该协议在设计时由于考虑不周（也可能当时不存在这方面的安全威胁）或受当时的环境所限，或多或少存在一些设计缺陷。网络协议的缺陷是导致网络不安全的主要原因之一。但是安全是相对的，不是绝对的，没有绝对安全可靠的网络协议。

3. 操作系统、服务软件和应用软件自身漏洞所带来的安全威胁

Windows、Linux 或 Unix 操作系统，服务器端的各种网络服务软件，以及客户端的应用软件都或多或少地存在因设计缺陷而产生的安全漏洞（如普遍存在的缓冲区溢出漏洞），这也是影响信息安全的主要原因之一。

4. 病毒和木马的攻击与入侵所带来的安全威胁

病毒和木马是最常见的信息安全威胁。计算机病毒指编制或者在计算机程序中插入的破坏计算机功能或数据、影响计算机使用并且能够自我复制的一组计算机指令或者程序代码，具有传染性、隐蔽性、潜伏性、破坏性。从理论上讲，木马也是病毒的一种，它可以通过网络远程控制他人的计算机，窃取数据信息（如网银、网络游戏的账号和密码，或其他重要信息资料），给他人带来严重的信息安全威胁。

木马与普通病毒的区别在于木马不具备传染性,但隐蔽性和潜伏性更突出。普通病毒主要是破坏数据,而木马则是窃取他人的数据信息。

5.黑客攻击与入侵所带来的安全威胁

黑客会使用专用工具和采取各种入侵手段非法进入网络、攻击网络,并非法获取网络信息资源,如通过网络监听获取他人的账号和密码,非法获取网络传输的数据,通过隐蔽通道进行非法活动,采用匿名用户访问进行攻击等。

6.网络设施本身和所处的物理运行环境所带来的安全威胁

计算机服务器和网络通信设施(路由器、交换机等)需要一个良好的物理运行环境,否则将会给网络带来物理上的安全威胁。

此外,网络安全管理不到位,管理员的安全防范意识薄弱,系统安全管理和设置不到位,以及管理人员的操作失误,也会带来严重的信息安全威胁。

6.2.3 信息安全保障措施

要保障信息安全,不仅要从技术角度采取一些安全措施,还要在管理上制定相应的安全制度规范,配合相应的法律法规,整体提高信息系统安全水平。

1.信息安全防范技术

(1)网络访问控制

网络访问控制的目的是保障网络资源不被非法入侵和访问。访问控制是保障信息安全的核心措施之一。

①使用防火墙技术,实现对网络的访问控制,既能保护内部网络不受外部网络(互联网)的攻击和非法访问,还能防止病毒在局域网中传播。防火墙技术属于被动安全防护技术。

②使用入侵防御系统,进行主动安全防护。入侵防御系统能实时监控、检测和分析数据流量,并能深度感知和判断哪些数据是恶意的,对恶意数据进行丢弃以阻断攻击。

（2）网络缺陷弥补

解决网络自身的缺陷问题主要是靠弥补服务器和用户主机的通信协议和系统安全。为此，可以从以下几个方面入手：

①服务最小化原则，删除不必要的服务或应用软件。

②及时给系统和应用程序打补丁，提高操作系统和应用软件的安全性。

③用户权限最小化原则。对用户账户要合理设置和管理，并设置好用户的访问权限。

④加强口令管理，杜绝弱口令。

（3）攻击与入侵防御

杀毒软件是一种可以清除病毒、木马等对计算机有危害的程序代码的程序工具。杀毒软件通常集成监控识别、病毒扫描与清除、自动升级病毒库、主动防御等功能，有的杀毒软件还带有数据恢复等功能，是计算机防御系统（包含杀毒软件、防火墙、特洛伊木马和其他恶意软件的查杀程序、入侵预防系统等）的重要组成部分。

（4）物理安全防护

物理安全防护的目的是保护计算机系统、网络服务器、打印机等硬件设备和通信链路免受自然灾害、人为破坏和搭线攻击，措施主要包括安全地区确定、物理安全边界划定、物理接口控制、防电磁辐射等。

2.信息安全管理策略

除技术手段外，加强网络安全管理、制定相关配套的规章制度、确定安全管理等级、明确安全管理范围、采取系统维护方法和应急措施等，对网络安全、可靠地运行起着非常重要的作用。

信息安全管理策略是一个综合性的、整体的方案，在制定时不能仅仅采用上述孤立的一种或几种安全管理方法，而要从可用性、实用性、完整性、可靠性和保密性等方面综合考虑。

3. 信息安全道德准则与法律法规

（1）信息安全道德准则

对于信息安全负有道德责任和义务的人员大致可以分为 3 种类型：信息技术的使用者、开发者和信息系统的管理者。为了保障信息安全，这 3 类人员都应履行特定的道德义务，并要为自己的行为承担相应的道德责任。根据其活动、行为的不同性质及与信息安全的不同关系，可以为这 3 类人员拟定各自应遵循的主要的道德准则，从而形成以下 3 个不同的道德准则系列：

①信息技术的使用者应遵循的道德准则：不得非法干扰他人信息系统的正常运行；不得利用信息技术窃取钱财、智力成果和商业秘密等；不得未经许可使用他人的信息资源。

②信息技术的开发者应遵循的道德准则：不得将所开发信息产品的方便性置于安全性之上；不得为加速开发或降低成本而以信息安全为代价；应努力避免所开发信息产品自身的安全漏洞。

③信息系统的管理者应遵循的道德准则：应确保只向授权用户开放信息系统；应谨慎、细致地管理、维护信息系统；应及时更新信息系统的安全软件。

（2）信息安全法律法规

从法律层面上看，法律以其强制性特点而能够成为保障信息安全的有力武器。我国多部法律都涉及信息安全相关内容，比如《中华人民共和国宪法》《中华人民共和国刑法》《中华人民共和国刑事诉讼法》等。尤其 2017 年 6 月 1 日开始实施的《中华人民共和国网络安全法》，将网络空间主权、个人信息保护、网络产品和服务提供者的安全义务、网络运营者的安全义务、关键信息基础设施安全保护等纳入其中。以这样的法律为依据打击破坏信息安全的各种违法、犯罪行为，可以明显减少信息安全威胁。

例如，《中华人民共和国网络安全法》第二十二条规定：

网络产品、服务应当符合相关国家标准的强制性要求。网络产品、服务的提供者不得设置恶意程序；发现其网络产品、服务存在安全缺陷、漏洞等风险时，应当立即采取补救措施，按照规定及时告知用户并向有关主管部门报告。

  网络产品、服务的提供者应当为其产品、服务持续提供安全维护；在规定或者当事人约定的期限内，不得终止提供安全维护。

  网络产品、服务具有收集用户信息功能的，其提供者应当向用户明示并取得同意；涉及用户个人信息的，还应当遵守本法和有关法律、行政法规关于个人信息保护的规定。